アマチュア無線機メインテナンス・ブック3　TX-88DS

50年の時空をこえて
トリオ TX-88DS 新品未組み立て品を見る

JR1TRX 加藤 恵樹

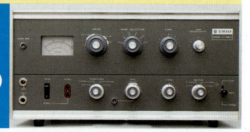

忘れられないキット TX-88DSが手元に

　待望の開局から46年の歳月が経ちましたが，ネットオークションでトリオTX-88DSの新品未組み立て品が出品されていることを知り，落札．入札金額は当時の販売価格より高い金額となってしまいましたが，入手の喜びには代えられません．先に同じくネットオークションで入手していたトリオのTR-1000に続いて，第2の憧れのキットがやってきました．

　さて，TX-88DSは，最後のAM送信機（キットと完成品があった）として，1969年頃にトリオから発売された製品です．当時，中学2年生であった私にとって，この無線機を組み立てることができるのかなどと空想にふけっていた製品でした．

　1970年1月号のCQ ham radio誌に9R-59DとTX-88Dの特集があります．JA1BHG 岩上OMは電子回路を分かりやすく解説されるので，中学2年生の筆者にとって良き先生でした．記事ではその岩

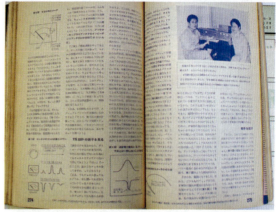

7MHzなど短波帯運用の初心者に向けて，OMとYMの対話形式の記事に仕上げられていた

上OMがこのリグの接続方法，使用方法を説明しているのですが，今でもこの特集は，私のハムライフのバイブルにもなっています．

　後年，9R-59D，SM-5D，CC26，VFO-1を入手しましたが，接続方法，調整方法が載っていたこの特集は大変役に立ちました．

TX-88DSという無線機

● **送信機の構成**（取り扱いマニュアルより）

・発振回路

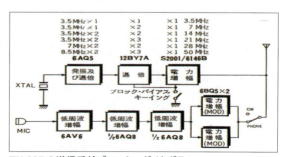

TX-88Dの送信系統ブロック・ダイヤグラム

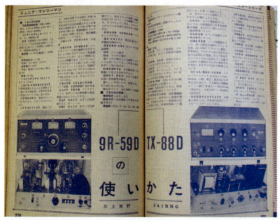

CQ ham radio1970年1月号に特集されていたTX-88D使い方の記事

TX-88DS　Ⅰ

6AQ5によるグリッド・プレート型回路を用い，必要に応じて，基本波および高調波を取り出します．3.5MHz，7MHz時は非同調になり，水晶の周波数と同一のものがプレートに出力されます．14MHz，21MHz時にはプレート同調回路は7MHzに同調し，28MHzは14MHzに同調します．そして50MHzのときは，17MHzに同調する構成になっています．

- 逓倍回路

12BY7を使用し，前段で得たキャリアを必要に応じてストレート増幅，2逓倍，3逓倍し，目的の周波数に合わせます．

- 変調器

6AV6，6AQ8の電圧3段と，6BQ5のAB1級プッシュプル動作とし，最大出力17Wを得ています．6AV6と6BQ5の間に3kHz以上をカットするローパス・フィルタが入っています．

- 終段

S2001のスクリーングリッド電圧を低くして使用しています．中和などの回路はシールドが厳重であるので問題ないとのことです．

エキサイト・ステージで得たキャリアをさらに増幅し電話の場合は，変調をかけてアンテナに送り込みます．

図(前頁)に送信系統のブロック・ダイヤグラム

各段の同調周波数

送信周波数 (MHz)	水晶または VFO出力 (MHz)	発振周波数 (MHz)	逓倍段 周波数 (MHz)	終段 (MHz)
3.5	3.5	3.5	3.5	3.5
7	3.5(7)	3.5(7)	7	7
14	3.5(7)	7(7)	14	14
21	3.5(7)	7(7)	21	21
28	7	14	28	28
50	8.33	16.66	50	50

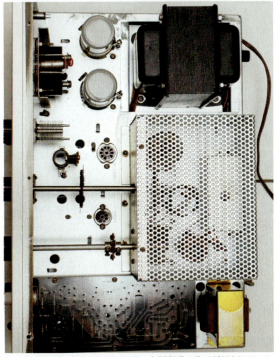

本体上部カバーを取り外したところ．大型部品は取り付けられている

シャーシ裏側．こちらも主要部品は取り付け済み

台紙にセットされたCR部品①

台紙にセットされたCR部品② 右端は加工済みSWRケーブル(本文参照)

配線材および真空管，ソケット，足などの大型部品

アマチュア無線機メインテナンス・ブック3　TX-88DS

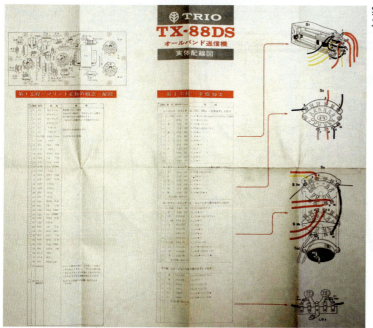

実体配線図①　スイッチ類の予備配線で組み立てが始まる

を表に各段における同調周波数を示します。

キット構成

　キットは，大型および主要部品があらかじめ取り付けられた本体，抵抗，コンデンサなどの小物部品と真空管，配線材料の各種部品，実体配線図，取扱説明書で構成されています．

　抵抗，コンデンサ類は部品名が記された台紙に1個1個取り付けられています．初心者には加工が難しいと思われるSWRケーブルは，加工済みです．取扱説明書に記されている組み立て手順書と実体配線図にそって配線すれば確実に組み立てることができるようになっています．

　とはいえ，キットによる組み立て

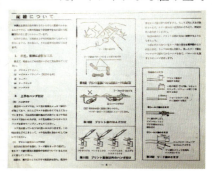

↑配線にあたっての工具，上手なはんだ付けの説明など

実体配線図②　シャーシ上も実体配線図が示されている

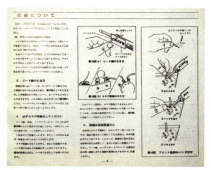

↑リード線のむき方なども図解されている

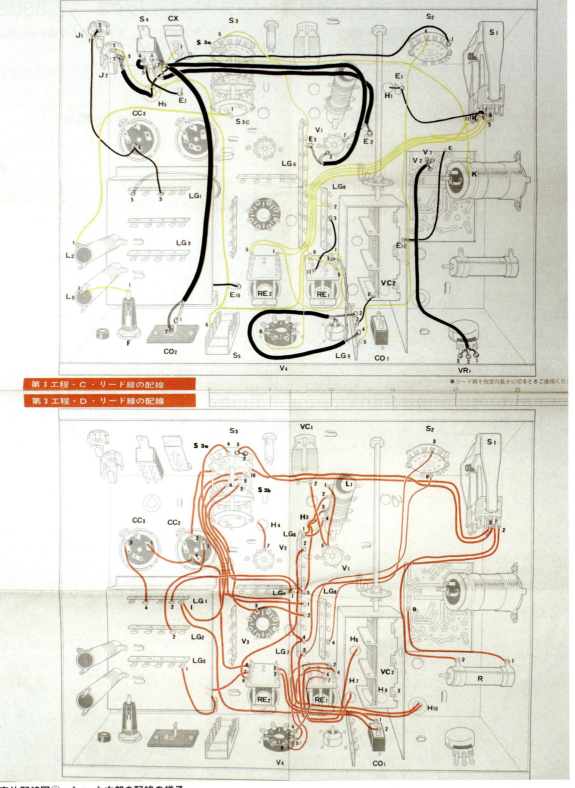

実体配線図③　シャーシ内部の配線の様子

アマチュア無線機メインテナンス・ブック3　TX-88DS／51S-1

済みのTX-88Dをネットオークションで何台か落札して，中を開けてみるとびっくりの配線が多かったです．

当時，アマチュア無線家のキット工作といえば，60Wのはんだごて1本にペーストを付けてのはんだ付けが一般的で，配線材はp.Ⅱ下段右端の写真にあるような熱に弱いビニール線材でした．多くの購入者は中学生，高校生といった電子工作の素人ですし，工具も配線材も良質なものが少なかったことを考えれば，仕方のないことかもしれません．そのために組み立て説明書の解説ように，配線材のむき方やはんだ付けの方法が丁寧に解説されています．

● もし，今組み立てるのなら

筆者は，落札にともない，組み立てを想定して配線材はテフロン加工，CR類は新品を調達しました．特に電解コンデンサは容量抜けがありますので，キット付属のものは使用しない方がよいでしょう．

また，変調基板は整流後のリプルがアースに流れ込むようなパターンになっていましたので，右上の写真に示すように変更する予定です．真空管

ハム音対策のためのパターン・カットのポイント

ソケットもタイト製に変更しました．

仕事上なかなか時間がとれず，組み立てることができませんが，それはそれで中学1年の夢をゆっくり一歩ずつ実現していく楽しみもあって良いのかもしれません．

◆ 参考文献 ◆
- 9R-59とTX-88A物語　高田 継男著　2011年CQ出版社
- アマチュア無線機メインテナンス・ブック2　p.30〜32　加藤 恵樹執筆　2017年CQ出版社
- 9R-59D TX-88Dの使い方　岩上 篤行CQ ham radio 1970年1月号　CQ出版社
- TX-88D取扱説明書　トリオ株式会社

コリンズ社　ゼネラルカバー受信機
フラグシップ機 51S-1
JA2AGP 矢澤 豊次郎

一見したところはS-LINEの中の一機種かと思うほどS-LINEと統一されたデザインですが，中身はR-390Aの回路構成に類似したトリプルスーパー構成のとてつもなくハイグレードな受信機です．

パネル面は，上段左から電源スイッチ，ダイヤル，カーソル・セット，中段左からバンド切り替え，メイン・ダイヤル，リジェクション，メータ切り替え，下段左からRF GAIN, EMISSION, AF GAINなどの必要最小限のつまみと素晴らしい感触のダイヤルで構成

され，オーディオ出力の音も良い感じです．

なんといっても，デスクトップ型，電源内蔵，軽量（といっても75Sシリーズの約8kgより重い約12kg）が魅力です．

シャーシ内部の構造として，シールドすべきところはシールド板が立っていますが，この程度のシールド状況で回り込みがないことに感心してしまいます．

シャーシ内部構造の圧巻は高周波部のターレット・ウエーハー群です．次頁の右側の写真はターレット部

分だけを拡大した写真です．3個のセラミック・トリマの位置（②）を照合してご覧ください．

このターレット・ウエーハー群の中央に太いバーが貫通しており，バンド切り替えにより1バンドにつき約12.5度回転し，28バンドで約348度回転します．丁度28バンドのバンド・スイッチと同じ動作です（注：受信バンド数は30です）．

ご承知のように51S-1の高周波増幅は1段ですが，高周波増幅段入力回路を複同調構成としているため，同調回路は3段となっています．その同調回路は1MHz幅ごとに調整するためのコイルが，ターレット・ウエーハー群の写真記号③，④，⑤の3枚それぞれに付いていることが確認できます．

また，局部発振周波数を1MHzごとに発振周波数調整するためのトリマ・コンデンサが，ターレット・ウエーハー群の⑥の位置にセッティングされています．

ところが，このターレット・ウエーハーが泣き所のひとつです．タバコのヤニ・空気中の汚れ・塵埃・酸化皮膜などが積年経過によって，金メッキ接点が汚れて接触不良が発生し，バンド切替をするたびに「ガサッ」と雑音が発生するようになります．

この酸化皮膜汚れのクリーニングに極めて有効な手段のひとつに「プラスチック消しゴム」があります．写真ではウエ

上から見たところ
左側にスラグラック・チューニング機構．中央下側にPTO 70K-7（①）．その右にUSB，LSB，CW用メカニカル・フィルタ3本が納まっているケースとその周辺にIF部が配置されている

シャーシ名部の様子
たいへんシンプルな構造で，シールド板も最小限にとどめられている

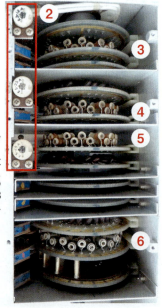

高周波部のターレット・ウエーハー群
同調回路は1MHz幅ごとに調整するためのコイルが，ターレット・ウエーハー群の写真記号③，④，⑤の3枚それぞれに付いていることが確認できる

ターレット・ウエーハーのクリーニング
クリーニングに極めて有効な手段のひとつ，プラスチック消しゴム

アマチュア無線機メインテナンス・ブック3　51S-1／SP-600

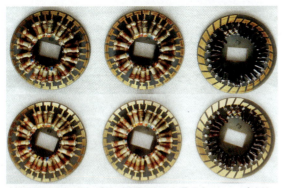

上段3枚はクリーニング前，下段3枚は上段のウエーハーをクリーニングした後の状態
金メッキ接点の汚れと酸化被膜がきれいにクリーニングされている状況が確認できる

フロントエンドの各部調整を行う調整孔
⑦枠内の青色の接点ホルダの横にある

ーハーの汚れと酸化皮膜を一部クリーニングした状態を示しています．

ターレット・ウエーハーをクリーニングしてマウン

トしたのちに，フロントエンドの各部調整を行う調整孔は，⑦枠内の青色の接点ホルダの横にあります．ここから調整用ドライバを挿入し，1MHzごとに調整を行います．

メインテナンスの具体的な内容はp.74からの本文を参照してください．

ハマーランド社　スーパープロ
フラグシップ機
SP-600JX-17

JA2AGP 矢澤 豊次郎

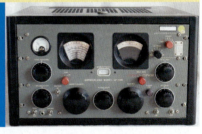

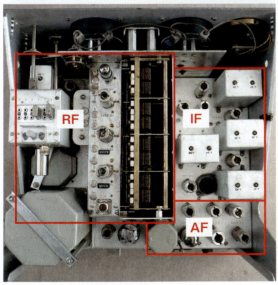

　ご存じスーパープロの親分SP-600JX．その中でも人気のある17型です．

　このモデルの特徴は，第1局部発振器，第2局部発振器，BFOが外部から供給することができることです．これらの発振器の内部供給と外部供給の切り替えは，赤色に塗装された3個の金属ノブが付いたスイッチで切り替えるため，オークション写真などでもすぐに判別ができます．

　SP-600で特筆すべきはチューニング・ダイヤルの素晴らしいタッチです．きちんと整備された状態では，チューニング・ノブ4回くらいのタッチで

本体を上部から見たところ
シャーシ左半分を占めているフロントエンド部（RF），右側に中間周波増幅部（IF），下側に低周波増幅部（AF）がレイアウトされている．シャーシ中央に大型の4連8セクションのハマーランドご自慢のバリコン（通常はカバーが掛かっている）が見える

バンドの端から端までスイープできます.
　また，電気的特性も素晴らしく，受信感度，安定度，受信周波数カバー範囲など申し分ありません．しかし，設計製作年次からSSB対応のプロダクト検波やメカニカルフィルタといった回路設計にはなってはいません．
　しかし，紛れもなく当時のハマーランド社受信機群のフラグシップ機であり，まさに最高機種のひとつです．

メイン・ダイヤル，スプレッド・ダイヤル，バンド表示機構を取り外した状態
ギヤはすべて真鍮製のシングル・ギヤ．ギヤの遊びによって生じるバックラッシュを吸収するため，S字形のスプリング3個（1個はギヤの下に隠れている）⑦によりギヤ同士を押しつけあう構造になっている．メイン・ダイヤルは①，スプレッド・ダイヤルは②，バンド切り替えターレットは③．チューニング用小型リングは⑤の位置に取り付けられている．またバリコンは⑥のギヤに接続されており，②のスプレッド・ダイヤル・ギヤの回転が隣接するストッパ付きギヤを経由して，⑥ギヤに伝達される

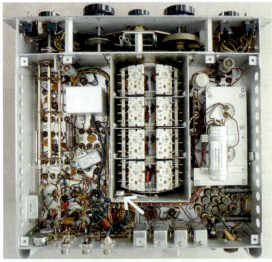

本体を下部から見たところ
シャーシ中央部にマウントされた6バンドのターレット・コイル群が納まっている．ターレット収納筐体の下側に見えるスイッチ（矢印）は,，0.54〜7.4MHzの3バンドのシングルスーパー構成と7.4〜54MHzの3バンドのダブルスーパー構成とを切り替えるスイッチ

チューニング・ノブのシャフトに取り付けられている，大型の真鍮製フライホイール
下側の小型リング⑤はフライホイールの溝に嵌まって回転する．この小型リングがギヤトレーンの⑤の位置に嵌まり，さらに小型リングの溝にスプレッド・ダイヤル円盤が嵌まって，フライホイールの回転がスプレッド・ダイヤル円盤②に伝達される

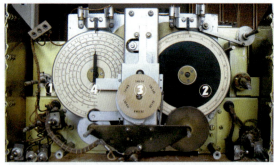

本体のパネルを外した状態
左側の円盤①がメイン・ダイヤルで，6バンドの周波数メモリが同心円上に表示されている．右側の円盤②がスプレッド・ダイヤルで，100度のロギング・スケールが表示されている．中央の小型の円盤③はバンド切り替えに連動して回転する表示板で，パネル中央の小窓に受信バンドが表示される．メイン・ダイヤル表示板の中央についている指示矢④はバンド切り替えに連動して上下し，同心円上に表示された受信周波数スケールを示す

BAND CHANGEシャフトとTUNINGシャフトの軸受け金物の様子
この金物を固定している①，②，③の固定ネジによって，金物の左右と前後の傾きがわずかにずれるとチューニング・シャフトが傾き，前述の小型リングとフライホイールの溝が均等に接触しないために，TUNINGつまみがスリップする現象を生ずる．この部分のメインテナンスの詳細は本文を参照

アマチュア無線機 メインテナンス・ブック ❸

クリーニングから電子回路の修復・調整までを網羅

究極の研磨術

パーツ調達術

市販フィルタ活用術

BPF活用術

JR1TRX／JG1RVN／JA2AGP／JJ1SUN
加藤 恵樹／加藤 徹／矢澤 豊次郎／野村 光宏 著

HTs HAM TECHNICAL SERIES

はじめに

　昔，近所のOMが使っていた高級無線機が羨ましくて，欲しくて，たまらなかったのですが，買えるお金もなく恨めしく眺めていた少年時代．

　年月を経たこのごろにネットオークションで思い出の無線機が出ていて，この値段なら俺にも買えるとポチったら，うまい具合に安く買えました．

　しかし，物が届いて開けてみると汚れがひどいし動作しそうもありません．「こりゃどうしようもないな，安かったわけだ」メインテナンスして昔のフィーリングを味わいたいですが，修理してくれる人を探すのも大変だし，何とか自分で整備してみようかと．

　もとより機器不良の最大の要因は「埃，汚れ，湿気，経年劣化」，結果として「錆び，絶縁不良，部品不良」です．先ずはエアーブローと筆・刷毛で埃の清掃ですが，その後いきなり水洗いをするとか，洗剤をかけるとかはメインテナンスではありません．外見がきれいになったからといって，機能が復帰するわけではありません．水洗いや洗剤による洗浄をするには，そのためのそれなりの事前準備が必要です．

　また，部品交換をするときも，交換部品が同等代替品かどうか．抵抗やコンデンサの規格は取替対象部品と同等か，など注意深い観察も必要です．

　安易にメインテナンスを始めるのではなく，これまで多くの機器をメインテナンスしてきた先人諸氏の貴重なノウハウを拾い上げ，入手した無線機を入念にチェックし整備をして，少年時代の夢や昔使った思い出を再現されることを祈念いたします．

　そんなときの手助けになればと思い，メインテナンス経験者の皆さんの貴重なノウハウをCQ出版社でまとめていただきました．

2018年9月
JA2AGP 矢澤 豊次郎

CONTENTS

カラー・ページ   I

50年の時空をこえて　　　トリオ TX-88DS 新品未組み立て品を見る ……………… I
コリンズ社 ゼネラルカバー受信機　フラグシップ機 51S-1 ……………………………… V
ハマーランド社 スーパープロ　　フラグシップ機 SP-600JX-17 …………………… VII

はじめに ………………………………………………………………………………… 2

アイコム編   5

01 ▶ 50MHz オールモード・トランシーバ　IC-551 ……………… 6
02 ▶ HF/50MHz RFダイレクトサンプリング機
　　　IC-7300Mを付加装置で使いやすく ……………………… 9
03 ▶ 周波数情報などの消失に対応
　　　アイコム機のSRAMモジュールを延命 ………………… 14

トリオ/ケンウッド編   19

01 ▶ HFオールモード・トランシーバ　TS-140S ……………… 20
02 ▶ ATU内蔵 HFオールモード・トランシーバ　TS-440S ……………… 24
03 ▶ 50MHz モノバンド/オールモード高級固定機
　　　TS-600の再調整方法 ……………………………………… 30
04 ▶ HF/50MHz オールモード・トランシーバ
　　　TS-690Sのレストア ………………………………………… 36
05 ▶ アナログ・レピータを復活させる
　　　TKR-200Aレピータ機のCWID書き換え ……………… 41
06 ▶ リグの周波数安定度を向上させる
　　　TS-450Vに高安定水晶発振器を組み込む …………… 44
07 ▶ 汎用性抜群の代用オプション
　　　HF機用のCWフィルタを作る ………………………… 50

CONTENTS

八重洲無線編　55

01 ▶ 性能を取り戻すメインテナンス
FT-757GXの再調整ポイント ……………………………………… **56**

02 ▶ 430MHzオールモード・モービル機の草分け
FT-780の調整と保守 ……………………………………………… **60**

ミズホ通信編　63

01 ▶ 卓上タイプの50MHz SSB/CWトランシーバ
FX-6 ………………………………………………………………… **64**

02 ▶ 21MHz HFモノバンドSSB/CWハンディ機の名作
MX-21S ……………………………………………………………… **67**

03 ▶ 7MHz QRP CWトランシーバ
名作QP-7の発展系 TRX-100 ……………………………………… **70**

海外機編　73

01 ▶ コリンズ　51S-1のメインテナンス …………………………… **74**

02 ▶ ハマーランド　SP-600JX-17のメインテナンス …………… **93**

Column

分解方法・手順に注意 …………………………………………………………… 18
古い無線機の再塗装の方法 ……………………………………………………… 62

索引 ………………………………………………………………………………… 116
著者プロフィール ………………………………………………………………… 118
初出一覧 …………………………………………………………………………… 119

アイコム編

01 ▶ 50MHz オールモード・トランシーバ
　　　IC-551

02 ▶ HF/50MHz RFダイレクトサンプリング機
　　　IC-7300Mを付加装置で使いやすく

03 ▶ 周波数情報などの消失に対応
　　　アイコム機のSRAMモジュールを延命

50MHzオールモード・トランシーバ
IC-551
JR1TRX 加藤 恵樹

昭和53年にアイコムから発売されたIC-551は，送信時にチューニングをせず，即QSOに入ることができる画期的なリグとして登場しました．デザインもほのかに照らす照明がどこかほっとでき，他のメーカーとは違った雰囲気を醸し出していました．

しかし筆者は，当時アマチュア無線から遠ざかっていたので現役時代は購入はしておらず，入手したのは実に40年近くたってからでした．3台手元に来ましたが，このうちの2台は修理依頼によるもの，1台は自分用としてネットオークションで入手しました．

ここではネットオークションで入手したものを題材としますが，メインテナンス対象機はオプションが入っていませんでしたので，SSBとCWの「調整」を主体にご紹介します．

調整に当たって必要な測定器は次のとおりです．
- RF電圧計
- デジタル・マルチメータ
- オシロスコープ
- 信号発生機
- トラッキング・ジェネレータ(TG)付きスペクトラム・アナライザ
- ダミーロード

調整作業は以下のように行います．**写真1-1-1**，**写真1-1-2**，**写真1-1-3**にIC-551の内部配置を載せておきますので，これからの調整作業の参考にしてください．

PLL基板の調整

● ローカル周波数のレベル調整
- モード・スイッチをUSBに設定.
- RF電圧計をR_{80}に接続.
- L_6とL_7を調整して10mV以上に調整.

● 基準周波数(10.24MHz)の調整
- モード・スイッチをUSBとし50.0985MHzにセット.
- 周波数カウンタをR_{14}のリード部分に接続.
- C_{24}を調整し，5.0700MHzに調整.

● VXOの調整
- 周波数カウンタをR_{44}に接続.
- モードをUSBにして，ダイヤルを回して50.0985MHzに合わせる.
- R_{59}を回して41.08850MHzに調整.
- ダイヤルを回して50.0984MHzにセットしてR_{60}にて41.08840MHzに調整.

受信部の調整

配置は**写真1-1-2**を参照してください．

● BPFの調整
- スペクトラム・アナライザの出力をアンテナ端子に接続.
- C_{89}をショート.
- スペクトラム・アナライザの中心周波数を52MHzに設定.
- L_{26}, L_{27}, L_{29}, L_{30}をはんだ面から調整棒を用いて50～54MHzで平坦に調整する．この調整はクリチカルなので自信がなければ触らない方が良い.
- 調整後にC_{89}をショートさせたコードを取り外して作業終了.

● IF部の調整
- モードをUSBに.
- ダイヤルを回して52.000.0MHzに合わせる.
- SSGから52MHz 10dB出力をIC-551のアンテナ端

アマチュア無線機メインテナンス・ブック3　アイコム編

子に入力する．
- Sメータの振れが最大になるようにL$_{21}$，L$_{35}$，L$_{36}$，L$_{37}$（PBTを取り付けている場合は，L$_1$，L$_2$，L$_5$，L$_6$，L$_9$，L$_{10}$，L$_{11}$，L$_{12}$）を調整する．

● Sメータの調整
- モードをUSBに設定し，周波数を52.000.0MHzに合わせる．
- SSGより52MHz 0dBの出力をアンテナ端子に加える．
- Sメータの振れが5になるようにR$_{88}$を調整．

PBTを取り付けている場合は，PBTユニットにあるR$_{25}$を調整してS5になるようにする．
- SSGの出力を90dBとし，アンテナ端子から入力．
- R$_{87}$を調整し，フルスケールとなるように調整．PBTを取り付けている場合は，PBTユニットにあるR$_{26}$を調整してフルスケールとする．

送信部の調整

● BFO周波数の調整
- メイン基板のR$_{121}$に周波数カウンタを接続する．

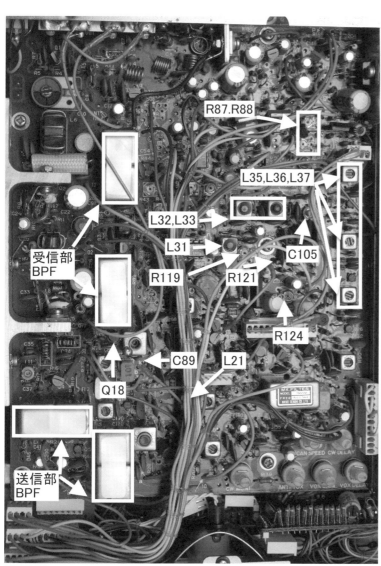

写真1-1-1 PLL基板と主要調整箇所

写真1-1-2 IF，RF基板と主要調整箇所

IC-551　7

写真1-1-3 送信BPF調整時のスペクトラム・アナライザ接続箇所

- モードをLSBとしC$_{105}$を調整して9.0130MHzに合わせる．
- モードをCWとし送信にするが，このとき絶対にキーダウンさせてキャリアを出さないこと．
- この状態でL$_{33}$を調整して9.0105MHzに合わせる．
- モードをUSBとしL$_{32}$を調整して9.0100MHzに合わせる．
- モードをCWとし受信状態でL$_{31}$を調整して9.0097MHzに合わせる．
- どのモード時でもRF電圧が200mV以上であることを確認して終了．

● **BPFの調整**
- スペクトラム・アナライザの入力端子をアンテナ端子に接続する．
- スペクトラム・アナライザの出力端子をメイン基板の**写真1-1-3**に示した部分に接続する．
- スペクトラム・アナライザの中心周波数を52MHzに合わせる．
- 基板のはんだ面から調整棒を入れてL$_{13}$～L$_{17}$によって50～54MHz（中心52MHz）の範囲で双峰形になるように調整するが，この作業はクリチカルなので自信がなければ触らない方が良い．

● **キャリア・サプレッション**
- ダミーロードにオシロスコープのプローブを接続する．
- マイク・ゲインとRFパワーは最大にし，モードをUSBもしくはLSBにする．
- R$_{119}$とR$_{124}$を調整してどちらのモードでもオシロスコープの波形が最小になるようにする．

☆　　　☆　　　☆

以上がSSB，CW調整の概要ですが，IC-551は発売から40年近くなります．くれぐれもコアを壊さない程度に調整するようにしてください．

◆ **参考文献** ◆
- IC-551取扱説明書　アイコム

アマチュア無線機メインテナンス・ブック3　アイコム編

アイコム 02

HF/50MHz RFダイレクトサンプリング機
IC-7300Mを付加装置で使いやすく

JG1RVN 加藤　徹

　無線機はスーパーヘテロダインからSDRへ進化しつつあります．IC-7300Mは出力50W機の新スプリアス技適機種です．近接周波数の選択特性や，キャリアのC/Nが飛躍的に上がり，バンドスコープも高精度．特徴として，静穏なファン装備で固定環境でも，また，より集中的な操作性が求められる移動運用でもSDRを楽しむことができる新世代のコンパクト機です（**写真1-2-1**，**写真1-2-2**，**写真1-2-3**）．

　キャリング・ハンドルMB-123はオプション設定ですが，50W機は持ち出す機械が多いので，最初に装着することを推奨します（**写真1-2-4**）．ここでは，受信部のOVF（オーバーフロー）への対応など運用に役立つ付加装置を扱います（**写真1-2-5**）．

ダイレクトサンプリング機の特色

　まず**図1-2-1**の全体構成をご覧ください．BPF

写真1-2-1　RX-7300や静音ファンを装着した背面

写真1-2-2　送受信のための基本機能を集約した左パネル

写真1-2-3　ダイヤルは指孔付きトルク可変

写真1-2-4　オプションのキャリング・ハンドルMB-123は最初に装着したい

IC-7300M　9

写真1-2-5 上がフロントエンド・フィルタ，下が4chキーパッド

表1-2-1 IC-7300の受信用バンドパス・フィルタ
ハムバンドのみ抜粋

BPF帯域（MHz）	帯域幅（MHz）	ハムバンド（m）
1.60～1.99	0.39	160
3.00～4.49	1.49	80/75
6.50～7.99	1.49	40
10.00～14.99	4.99	30/20
15.00～21.99	6.99	17/15
22.00～29.99	7.99	12/10
50.00～54.00	4.00	6

（バンドパス・フィルタ）を通った信号は，アナログ・デジタル・コンバータに入りRF信号のまま直接デジタル変換＝RFダイレクトサンプリングされます．そしてFPGA（フィールド・プログラマブル・ゲート・アレイ）のミキサ（IQ）に入りIQ信号となります．アナログ・ミキサがないので，不要な非線形歪が発生しません．

ADCでは，一定時間単位で信号を区切り，標本化＝サンプリングします．サンプリングされた信号をデジタル信号で扱える整数に加工し量子化します．

テスト機はLTC2208-14 14Bit，130Msps コンバータが使用されていました．この素子には，Dither機能がありONすると強力な信号が現れたときADCのダイナミックレンジを拡大することができます．

Ditherは目的信号の少し離れたところに人工的なキャリアを入れ量子化の際の変数を細分化する手法です．仕様ではDitherについては触れられていませんがIP+の機能が相当すると考えられます．DitherをONにするとADCのダイナミックレンジが広がるメリットはありますが，限界感度は若干落ちます．

OVFについて

ADCはBPFのすぐ後にあるため，BPFを通過した信号を一括でAD変換しています．BPF通過後の信号をまとめて面倒みている形です．このためBPF内の信号強度が上がり，かつ，信号の数が多いと，OVF（オーバーフロー）が点灯することがあります．

IC-7300のBPFは相応に細分化されています（表1-2-1）．40mバンドで1.49MHzの帯域がADCへ入っていくため，強力な放送局が林立するとOVFが点灯します．

6mバンドで静電気ノイズがバンド全域で9+になると，OVFが点滅を始めます．多くの場合は，RFゲインを若干絞るだけでOVFは解消します．OVFが点灯しても，すぐにADCが飽和するわけではなく，注意喚起というところでしょうか．

INRADの機材の追加

ダイレクトサンプリング機のオーバーフローを防ぐためには，BPFを狭くすることで対応します．INRADではIC-7300ユーザー向けにRX用のIN/OUTのアンテナ端子を増設するキットRX-7300と，超狭帯域クリスタル・フロントエンド・フィルタを出していますので，インターネットで入手しました．品切れのときはメールで再生産のリクエストを入れてみてください．

● RX-7300の取り付け

ケースを外すときはネジ山が合ったドライバを選び，ネジ山をつぶさないように注意します．スピーカが止まっている4カ所を外すのを忘れないよう

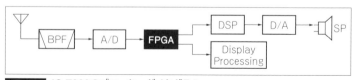

図1-2-1 IC-7300のブロック・ダイヤグラム

アマチュア無線機メインテナンス・ブック3　アイコム編

にしてください．

　まずATUの端子をコネクタから外します．ソケットを抜くだけなので簡単です．外したコネクタは保管しておきましょう．

　パネルに近い方のTMPプラグを外してRX-7300のジャックへ差し込みます．RX-7300のTMPプラグを空いた基板のジャックへ差します．

　通常，外付けのBPFを使わない場合は，IN/OUTは付属のピンジャックでショートして使います．

● フロントエンド・フィルタ

　今回は，160/80/40mのCWのDXバンドに狙いを定めました（**写真1-2-6**）．仕様は**表1-2-2**をご覧ください．250Hz帯域で9dBの挿入損失がありますが，HFではフロアノイズが高いので，実用上は支障を感じませんでした．

　40mのフィルタはIN/OUTとGNDが，どの端子なのか取説になく，トリオのTS-820の同型フィルタを参照し，外側がIN/OUT，内側がGNDであると推定し，作業したところ，うまく動作しました．3つのフィルタの切り替えとスルー回路が必要です．

　PINダイオードを使うと，ダイオード通過時に不要信号ができてしまい不都合です．また各フィルタのアイソレーションを確保しなければなりま

写真1-2-7　バンド切り替えはピン・プラグの差し替え式

写真1-2-8　パネル前面の様子

せん．そこでタカチのプラスチック・ケースSY-150Bを使い，ピンジャックの差し替え方式としました（**写真1-2-7**）．リグの背後からケーブルを前に引き出してピンジャックの差し替えでバンド切り替えを行います．単純な構成ですがうまく動作しました．

　写真1-2-8が前面パネルの様子です．アイコムのロゴは広告から切り取り，表面に荷造り用の透明テープを貼り，裏面に両面テープを貼り裁断してから，ケースに貼りました．

● 使用感

　40mバンドでは夜間にPRE1をONするとOVFが点滅していましたが，フロントエンド・フィルタをONするとOVFの点灯はありません．仕様より若干上へ帯域が広がっており，7018kHz前後まで使えました．9dBの減衰はほとんど気になりません．バンドスコープを見る限り，不要帯域がバッサリと切られて目的周波数のみが浮かび上がっています（**写真1-2-9**，**写真1-2-10**）．

　今後，狭帯域のBPFが電子化される時代が来るかもしれませんが，それまでこのクリスタル・フロントエンド・フィルタは，感度を落とすことなくOVFを防止できるため，ローバンドのDXに有効に使えそうです．

写真1-2-6　フロントエンド・フィルタ．左から160/80/40mバンド用

表1-2-2　INRADのフロントエンド・フィルタの仕様

バンド(m)	中心周波数(kHz)	帯域幅(kHz)	実用帯域(kHz)	素子数	本体価格
160 #807	1822.5	5	1820〜1825	4	$115.00
80 #808	3505.5	10	3500〜3515	4	$115.00
40 #801	7007.5	15	7000〜7018	8	$118.00

注　① 挿入損失：250Hz＜9dB，500Hz＜7dB，SSB/AM＜6dB．
　　② 40m(#801)の端子：内側2つがGND，外側がIN/OUT．

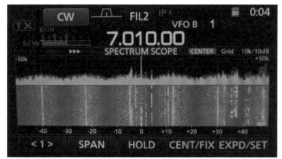

写真1-2-9 フロントエンド・フィルタOFFの状態

写真1-2-10 フロントエンド・フィルタONの状態

外付け4chキーパッド

IC-7300では，音声メモリ，CWメモリ，RTTYメモリが標準実装されています．しかし，メニュー画面から呼び出すのは面倒です．そこで**図1-2-1**のような回路の外付けの4chキーパッドを作ってみました．プッシュ・スイッチは押すとONで離すとOFFのタイプ，抵抗は5%以内の誤差のもの，ケースはタカチのYM-100です．

マイク端子の3番は，UP/DOWN機能とキーパッドを兼ねています．切り替え式にしてUP/DOWNを生かす手もありますが，今回はキーパッド専用にしてシンプル化しました．

マイク端子からはシールド線でケースへ導きます．ケースの上下にはゴムブッシュを付けて，IC-7300をチルトアップしたとき，下に入るようにしました．マイクをつないで使います．ワンタッチでメモリが呼び出せるようになり，マイクも同時に使えるので使い勝手が格段に良くなりました．

組み立て上の注意は，マイク端子をキーパッド端子へ引き出すとき，パネル裏ではマイク端子の配線が「左右が逆（鏡面）」になることです．これは多くの方が間違う点ですので，気を付けてはんだ付けしてください．

静音ファンNF-A8

本機は50W機ですので，発熱も100W機の半分ですが，送信時に常にファンがONで音量が若干高めです．そこでNoctuaのNF-A8オーディオ用

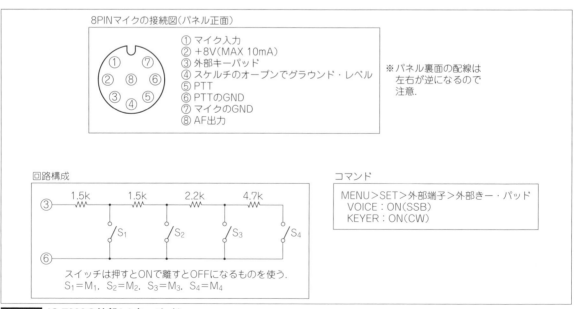

図1-2-2 IC-7300の外部4chキーパッド

アマチュア無線機メインテナンス・ブック3　アイコム編

静音ファンに換装しました．NF-A8はAmazonの通販で購入することができます．

以下に組み立て上の注意点を記します．**写真1-2-11～写真1-2-15**の組み立ての様子も参考にしてください．

● 電源コネクタ

NF-A8のものは使えないため，IC-7300Mに合う2Pプラグをネット通販で発注しました．ところが動作せず，おかしいなと思っていたら，プラグの電極のプラス，マイナスが逆でした．必ず標準実装のファン電源端子と見比べてから実装してください．

● 配線の変更

NF-A8は4本のコードが出ていますので途中でカットします．黒がマイナス，黄がプラスです．新たに用意した電源プラグをはんだ付けして，絶縁チューブを被せます．

● 配線には工夫が必要

IC-7300本体へ通じる穴は狭いので，NF-A8のコード接続部の太い線が通りません．このためいったん外で折り返して外側で止めて，さらに穴の部分のNF-A8の茶色のゴムをカットして，コードの細い部分を穴に通すと無理なく入ります．

● NF-A8の取り付け穴の扱いに注意

NF-A8の取り付け穴は物理的に弱いです．テンションをかけると折れてしまいます．このためファンをネジ止めするときは，テンションをかけすぎないようにネジが当たったら1/2回転ほどドライバを回して止めます．

◆ 参考文献 ◆

- IC-7300　　取扱説明書　　アイコム
- IC-7300　　Service Manual　　アイコム
- IC-7610　　Technical Report Volume2　　アイコム
- LTC2208-14　　データシート

写真1-2-11　NF-A8と配線用線材

写真1-2-12　静音ファンの外観

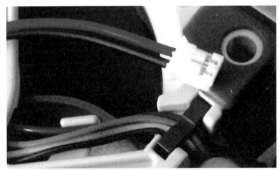
写真1-2-13　電源配線は黒がマイナス，黄がプラスとなる

NF-A8 PWM	w/o adaptor	with L.N.A.
Rotational Speed (+/-10%)	2200	1750
Airflow (m³/h)	55.5	43.9
Acoustical Noise dB(A)	17.7	13.8
Static Pressure (mm H₂O)	2.37	1.54

写真1-2-14　NF-A8の仕様

写真1-2-15　外したファンとATU端子は保管しておこう

アイコム 03
周波数情報などの消失に対応
アイコム機のSRAMモジュールを延命

JJ1SUN 野村 光宏

1980年台に作られたアイコムのモノバンド・オールモード機やHF機には，周波数情報などの設定用としてSRAMモジュールが使われていました．

SRAMデータはモジュール基板上のリチウム電池により保持されているため，長期のデータ保持が可能です．しかし，市販されてから30年近くが経過しており，電池のエネルギーを使い切ってSRAMデータの喪失が発生する可能性が高くなっています．

SRAMにはバンド情報や周波数範囲などの重要な情報を含んでいるため，データが消えると周波数設定などが飛んで，動作しなくなってしまいます．

SRAMモジュールを使っていた無線機

アイコムのWebサイトで公開されている取扱説明書で調べたところ，表1-3-1に示すような機種にSRAMモジュールが使われていました．

以前はアイコムでの修理が可能だったため，SRAMデータが消失した場合でもメーカーへ修理に出すことで復活させることができました．残念ながらアイコムでの修理受付はすでに終了しているため，SRAMのデータを書き戻してもらうこと

ができません．アイコムのWebサイトではデータそのものは公開されていないようです．

SRAMに装置の初期情報を保持することは，特別なことではありません．Windowsパソコンも同様の方式を採用しており，電池がなくなってしまうと時計や設定情報が狂ってしまいます．ただしパソコンの場合は，BIOS ROMの中に規定値をもっておりSRAMデータの異常が発見されたときには，規定値に書き戻す処理が行われます．

SRAMモジュールを使用しているアイコムの無線機の場合は，制御を行っているワンチップ・マイコンのROMには規定値の控えを持っていないようで，マイコンがSRAMデータを書き戻すことが不可能となっています．

このような設計にした理由は分からないのですが，当時のワンチップ・マイコンはフラッシュ・メモリではなくマスクROMなので，ワンチップ・マイコン製造時にICメーカーでROMの内容を決めていました．また，ROM容量も，現在のマイコンに比べると非常に少ないものでした．

無線機の機種ごとに違うデータの入ったマイコンを準備するのでは，ワンチップ・マイコンの初期費用が機種数倍となります．機種ごとの情報はSRAMに持たせることにしてワンチップ・マイコ

表1-3-1 SRAMモジュール使用機の例

製品名	機能
IC-271	144MHz帯 オールモード機
IC-371	430MHz帯 オールモード機
IC-1271	1.2GHz帯 オールモード機
IC-750	HF帯 オールモード機
IC-750A	HF帯 オールモード機
IC-760	HF帯 オールモード機
IC-R71	HF帯 オールモード受信機

アマチュア無線機メインテナンス・ブック3　アイコム編

ンの有効利用を考えたのではないでしょうか．

手持ち無線機の状況

　筆者の手元には，**表1-3-1**の機種のうちIC-271とIC-371があります．どちらも1989年に中古として購入したもので，当時はSSBでの交信やパケット通信用に活用していました．ここ10年ほどはまったく使っていませんでした．

　ケースを開けると**写真1-3-1**，**写真1-3-2**に示すようにSRAMモジュールが使われています．SRAMモジュールにはSRAMチップが異なる2つのタイプがあるようです．μPD444(1k×4bit)とμPD446(2k×8bit)です．制御マイコン(**写真1-3-3**)との接続は変わっていないので，どちらも1k×4bitのメモリとして使用されていると考えられます．

　モジュール上のリチウム電池の電圧を測ってみたところ3.20Vと3.19Vでした．まだ電池のエネルギーは残っているようです．リチウム電池の場合，消耗による電圧降下はマンガン電池のように徐々に電圧が下がっていくのではないので，いつ電池切れになるかの予想は難しいです．

　購入後に電池交換は行っていないので，25年以上SRAMデータが保持できたことになります．これだけ持つなら，電池付きのSRAMに情報を保持するというアイコムの設計は，良く考えられていた方法だったと思います．

リチウム電池の追加

　データが残っている今のうちに，電池をリフレッシュしておくことにしました．SRAMの電源はリグが通電されていれば，リグ側から供給され，電源が切れるとモジュール上のリチウム電池から供給されます．リグの電源を入れたままの状態で，電池交換が行えれば，SRAMデータが消えることはありません．調べてみると，リチウム電池は電池の下にピンがあり，モジュールを外さないとはんだ付けすることができません．

　安全を考え，現在付いている電池はそのままにして，新しいリチウム電池を追加することにしました．リチウム電池は，消耗の度合いで電圧が変化するので，直接並列に接続することは，劣化した電池に新しい電池から大きな電流が流れ込んでしまうため，禁じられています．

　本体からの+5V電源とリチウム電池の切り替えは，モジュール上のシリコン・ダイオードによって行っています．追加でリチウム電池とダイオードを接続することにしました．

　RAMモジュールに使用されている電池は，パナソニック社のBR2032でした．BR2032はすでに一般向けの販売を中止したようなので，使用可能温度範囲が0℃からとなりますが，同じパナソニック社のCR2032を使用することにしました．CR2032は，パソコン用やゲーム機の電池として一般的な電池です．いろいろなメーカーから同等品が出ているので，入手は容易です．

　リード付きタイプのCR2032が手に入らなかったので，電池ソケットに入れソケットのピンに赤と黒のリード線をはんだ付けしました．リード線の長さは15cmぐらいが適当だと思います．

　追加する電池，および電池ソケットとシリコン・ダイオードを**写真1-3-4**に示します．

● 追加電池の取り付け

　ダイオードとして東芝の1S1588の手持ちがあっ

写真1-3-1 IC-271のSRAMモジュール

写真1-3-2 IC-371のSRAMモジュール

写真1-3-3 IC-271の制御用ワンチップ・マイコン

アイコム機のSRAM　　**15**

写真1-3-4 増設するCR2032とソケット，ダイオード

写真1-3-5 IC-271のSRAMモジュールに増設電池を取り付けたところ

たので，これを使いました．高速スイッチング用のシリコン・ダイオードなら，なんでも良いと思います．これから入手するなら，秋月電子通商で安価で売られている1SS178などがお勧めです．

　ダイオードのカソード側を，SRAMチップのVccピンにはんだ付けします．次に，電池ソケットのマイナス側（黒線）をSRAMチップのGNDピンにはんだ付けし，最後に電池ソケットのプラス側（赤線）をダイオードのアノード側にはんだ付けします．

　はんだ付けした様子を**写真1-3-5**，**写真1-3-6**に示します．ダイオードのアノードとカソードを間違えると，リグの電源を入れたときリチウム電池に充電電流が流れ電池が破裂する危険がありますので，十分に注意してください．

　追加した電池はリグの中にぶら下げておくと，思わぬショートをおこす可能性が考えられるので，**写真1-3-7**のように電池ソケットとリチウム電池の全体をテープやラップで巻いて絶縁します．

　絶縁した電池は**写真1-3-8**のようにフレームにテープで張り付けました．

● 追加した電池の推定寿命

　オリジナルのBR2032の公称容量は190mAhです．追加したCR2032の公称容量はBR2032より少し多くて220mAhです．SRAMチップのスタンバイ電流は，NECのデータ・シートではどちらのタイプも常温では1μAとなっています．計算上では220,000時間（25.1年）持つことになります．オリジナル電池での実績を考えても，20年程度の寿命が期待できるので十分だと思います．

　リチウム電池は長寿命ですが，使わなくても自

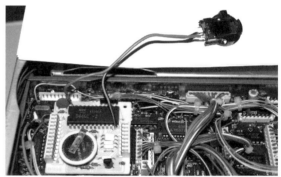

写真1-3-6 IC-371のSRAMモジュールへの増設電池の取り付け

写真1-3-7 ケースに収めるときは，ラップなどで絶縁処理する

写真1-3-8 テープで固定した増設電池

己放電を起こして徐々に容量が減っていきますので，これより大容量のリチウム電池を使っても，あまり差は出ないと考えられます．

　電池が消耗してデータが消えてしまっている場

アマチュア無線機メインテナンス・ブック3　アイコム編

合や，作業ミスで電池をショートさせてしまったような場合は，SRAMのデータを書き戻す必要があります．

アイコムからSRAMデータの初期値が公開されていないため，元に戻すことは困難なのですが，"ICOM SRAM"でネット検索を行うと，SRAMデータの書き直しを行った例が幾つも見つかりました．

SRAMデータ書き込み機の試作

パソコンを用いてデータの書き直しを行った例の中から，N2CBU氏がネットで公開しているパソコンのプリンタ・ポートを利用した書き込み器を作ってみました．SRAMデータの読み書き用プログラムも公開されていました．

N2CBU書き込み器は，CMOSの12bitカウンタIC 1個だけでできています．パソコンからカウンタにパルスを送って，RAMのアドレスをひとつずつずらしながら読み書きを行うものです．

そのため配線の数が少なく作りやすそうでした．写真1-3-9に組み立てた読み書き器を示します．図1-3-1が試作機の回路です．カウンタICはオリジナルで指定されていたCD4040が入手できなかったので，74HC4040を用いました．ピン互換なのでそのまま置き換えできるはずです．

一つ問題があったのは，SRAMモジュールのコネクタ配置が，2.54mmメッシュに乗っていないことでした．ユニバーサル基板に組み立てると，スムーズにSRAMモジュールがはまりません．コネクタ部分を写真1-3-9でも分かるように，若干外側に傾けてはんだ付けすることで，なんとか差し込めるようになりました（写真1-3-10）．

筆者の手持ちのIC-271，IC-371はデータ喪失を起こしていなかったため，再書き込みの必要はありません．別に入手したジャンクのIC-750から外したSRAMモジュールで実験したところ，データの読み書きを行うことができました．

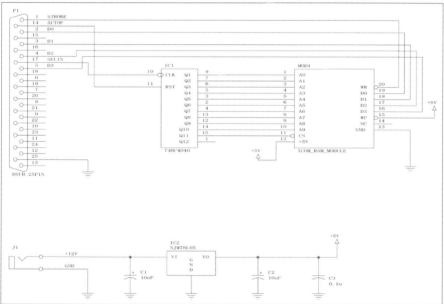

図1-3-1　書き込み用試作機の回路

写真1-3-9　書き込み用試作機

写真1-3-10　書き込み用試作機にSRAMモジュールをセットしたところ

Column 分解方法・手順に注意

無線機の内部に手を入れてメインテナンスをするには，どうしてもその無線機を分解する必要があります．無線機を包み込むケースのねじを外すだけでシャーシ内部の基板や機構部品を触れるようになる機種は簡単でよいのですが，そのような無線機ばかりではありません．

ここではトリオ/ケンウッド編の1機種として記事紹介しているTKR-200A（本書p.41～43）を例に，分解方法の妙をご紹介します．

● シャーシが引き出せない!?

430MHzアナログ・レピータ機TKR-200Aは，p.41のタイトル写真でもおわかりのように，鉄板で囲われた頑丈な筐体に収められています．メインテナンス記事で必要な内部機器の写真を撮るために，分解を試みました．

写真Aがリア・パネルを外したところです．本体を上下に分けるシャーシの上に無線機器ラック（サブ・シャーシ）が載せられています．下部に設置されているのはデュープレクサを収めたケースです．

上段の無線機器ラックを取り出すために，頑丈な筐体に留められているシャーシの飾りねじを外してみましたが，シャーシが筐体に引っ掛かってしまい，どうしても引き出すことができません．シャーシと無線機ラックを切り離さないとダメのようです．

● ブランキング・カバー

この切り離しの作業には**写真B**の矢印で示す側面のねじを外さなければいけません．リア側は短いドライバでなんとか作業ができそうですが，フロント側は全面がしっかりと覆われていて，リア側のよう

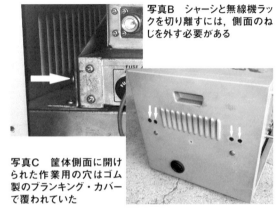

写真B　シャーシと無線機ラックを切り離すには，側面のねじを外す必要がある

写真C　筐体側面に開けられた作業用の穴はゴム製のブランキング・カバーで覆われていた

写真D　頑丈な筐体から引き出した無線機器ラック

写真A　TKR-200A内部の様子
シャーシで上下に区切られた内部は，上段にサブ・シャーシに組まれた無線機ラック，下段にデュープレクサが配置されている．CWIDなどの制御機器は無線機ラック裏側に配置されている

な形での作業は不可能です．

猛暑の中での屋外作業，途方に暮れながら筐体周囲をうろうろしていると，頑丈な筐体側面にゴムのブッシュがはめ込まれていることに気づきました（**写真C**）．なるほど，側面のねじを外すのには，このブランキング・カバーを外して筐体外側からドライバを差し込むという仕掛けなのですね．

こうして無事シャーシを筐体に留めたまま，無線機器ラックを引き出すことができました（**写真D**）．

● サービス・マニュアルが欲しい

無線機器だけではなく車など工業製品には，修理や保守のための手順や作業内容を記した「サービス・マニュアル」（指導書）があり，TKR-200Aにも必ずこの指導書は存在します．それさえあったなら，分解の手順もちゃんと記されているはずで，こんなに苦労することなく作業ができたことでしょう．

あくまで個人的な感想ですが，本レピータ機メーカーのアマチュア無線機器は「ねじ」の数が他社に比べて，圧倒的に多いという気がします．指導書さえあれば，そのようなねじの多い(!?)機器の分解に無駄な作業をしなくて済んだことでしょう．

取扱説明書と違って，サービス・マニュアルは社内文書なので簡単には入手できませんが，なんとかして手に入れたい機器修理の必須文書であるといえるでしょう．

（編集部）

トリオ/ケンウッド編

01 ▶ HFオールモード・トランシーバ
　　TS-140S

02 ▶ ATU内蔵 HFオールモード・トランシーバ
　　TS-440S

03 ▶ 50MHz モノバンド/オールモード高級固定機
　　TS-600の再調整方法

04 ▶ HF/50MHz オールモード・トランシーバ
　　TS-690Sのレストア

05 ▶ アナログ・レピータを復活させる
　　TKR-200Aレピータ機のCWID書き換え

06 ▶ リグの周波数安定度を向上させる
　　TS-450Vに高安定水晶発振器を組み込む

07 ▶ 汎用性抜群の代用オプション
　　HF機用のCWフィルタを作る

HFオールモード・トランシーバ
TS-140S

JG1RVN 加藤 徹

　HF～50MHzのTS-680Sがヒットしている中，HFに的を絞ったTS-140Sが併売されていました．ATU（オートマチック・アンテナ・チューナ）はありませんが，ゼネカバ受信機を搭載し，AM/FMモードを搭載するなど，基本性能を充実させたHFの普及機として親しまれました．国内では50MHzの入ったTS-680Sがヒットしましたが，世界的には50MHzは不要という市場もあるため，HF機のTS-140Sは国際市場も含めた商品であったと思われます．

　TS-140SはJARDスプリアス確認保証対象機種です．TS-140S/100がT131H，TS-140S/50がT131Mで，新スプリアス規定による保証認定が受けられます．

メインテナンス機の状況

　ネットオークションの記述では，「動作していますが現状で…」という形の廉価品でした．送信してみると不規則に送信が途絶えて，電源が落ちます．ヒューズをチェックしたところ，かなり傷んで変形していました．20Aのヒューズを交換すると電源が落ちることはなくなりました（**写真2-1-1**）．

　やっと電源が入ったところで，よく見ると汚れが大変目立っていました．ところどころ蜘蛛の巣が張っているところから，物置の長期放置品かもしれません．つまみ類，パネル，ケースを取り外

写真2-1-2 外装汚れは，衣類の酵素洗剤でぬるま湯で漬け置き洗いする

し，酵素入りの衣類洗剤で漬け置き洗いしました．メイン・ダイヤルは1.5mmの六角レンチで外れます（**写真2-1-2**，**写真2-1-3**）．

　ところどころ，ネジが異型であったり，観音開きのシャーシの一部を無理に開けたためのネジ切れがあるなど，あまりメインテナンスに詳しくない方がいじったのだな，と感じました．異型のネジを無理につっこんで，ネジ山が崩れているところは，サイズに気を付けながらタッピング・ビスなどで応急措置して固定していきます．

　分解するときは，必ず紙皿やコップなどにネジを順番に整理しておき，組み立てるときも順番どおりに組むと，異型ネジが混在することはなくなります．分解時のポイントごとにデジカメで記録を残しておくのも良いでしょう．

写真2-1-1 送信すると電源が落ちる．原因はヒューズが断線寸前だったこと

アマチュア無線機メインテナンス・ブック3　トリオ/ケンウッド編

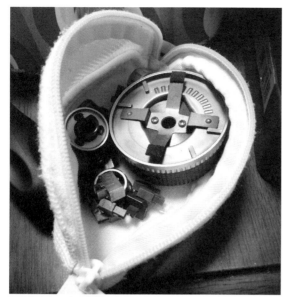

写真2-1-3　つまみなどの小物は洗濯用袋に入れて洗う

写真2-1-4　つまみのホワイトラインはインク消しで修正する

写真2-1-5　アクリルの大きな傷が目立つ

写真2-1-6　金属みがきピカールで研磨

写真2-1-7　傷が消えメータがよく見えるようになった

　つまみの白線が消えかかっているところは，白色の液体インク消しを使い，ホワイトラインを復活させていきます．これで外観は，ずいぶんきれいになりました（**写真2-1-4**）．

　Sメータのアクリル・ケースは傷がありメータが見えにくかったので，アクリル板を外してから，金属磨き"ピカール"（日本磨料工業）を少量布に染み込ませて研磨しました．10分ほどの研磨で，傷はほとんど分からない程度に消えました．作業の様子は**写真2-1-5**～**写真2-1-7**を参照してください．

　次に電源を入れて，送受信してみると，確かに動作はしますが，スイッチ類の反応が鈍く，押しても動いたり動かなかったりでチャタリングしており，実用になりません．押入れや物置に放置されて，タクト・スイッチの接点が錆びてしまったのでしょう．スイッチを交換しないと先へ進みません．バックアップ電池も錆びがひどく，ここも交換が必要でした．

　なるほど，これが「動作しますが現状で」の意味するところだったわけです．入手価格は9,500円でしたので，格安HF機はそれなりに手間暇がかかりますね．

タクト・スイッチの交換

　TS-140Sのスイッチはタクト・スイッチが使われています．しかし規格がよく分かりません．ネット通販で検索したところ，6×6サイズのタク

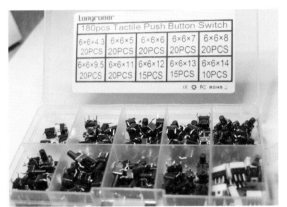

写真2-1-8 タクト・スイッチのセットを通販で購入

写真2-1-9 6×6×4.3mmが適合，14個を用意

写真2-1-10 フロントパネルを分解し，タクト・スイッチの交換作業中

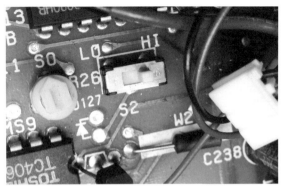

写真2-1-11 LOが50W，HIが100Wの切り替え式

ト・スイッチが各サイズのセットになって180個入りで売られていることが分かり，セット購入し現物でサイズを合わせてみました（**写真2-1-8**）．この結果，TS-140Sには6×6×4.3の規格が合うことが分かりました．20個入りでしたので，スイッチ・セットだけで必要数14個が賄えました（**写真2-1-9**）．

タクト・スイッチの交換には電動はんだ吸い取り器を使いました（**写真2-1-10**）．作業時にタクト・スイッチの足が折れて電動はんだ吸い取り器のノズルに挟まってしまい，ノズルを交換しました．スイッチ交換後は，スムーズに動作し，基本機能は復活したようです．

FMの送信動作がおかしい

電源とダミーロードをつないでテストしてみると，FMモードでALCが振り切れてしまい，動作がおかしいようです．よくよく見ると，シグナル基板のVRが，ほとんど真ん中になっていました．おそらく29MHzの出力を100Wにしようと思って，やみくもに半固定VRを回して，反応がなかったものは，真ん中に合わせてしまったのだと思います．この時代のリグは**写真2-1-11**のように50/100Wの切り替えスイッチがありますが，HI/LOで切り替えても反応がありません．100Wのままです．

ここで，ようやく状態が推定できました．TS-140Sの28MHz帯は出荷時は50Wだったので，何とか100Wにしたいと思ったのでしょう．そこで幾つかのVRを回していくうちに偶然にFMモードで50W出力を可変するVRにあたり，それを回して100Wにしたのだと思います．こうするとCW/SSBモードも28MHzで100W出ますが，FMで100W出すと熱設計を完全にオーバーして故障の原因になります．

28MHzバンドの100W化

まず，28MHzの100W改造が未着手だったので，ダイオードのカットから実施しました（**写真2-1-12**）．バックアップ電池のあるコントロール基板のD_{30}をカットすると10mバンドの50W制限が

アマチュア無線機メインテナンス・ブック3　トリオ/ケンウッド編

写真2-1-12　10mバンドを100W化するためにカットするダイオード部分

写真2-1-13　FMモードは50Wが適正

写真2-1-14　各VRを適正値へ調整していく

写真2-1-15　INRADの400Hz CWフィルタを採用

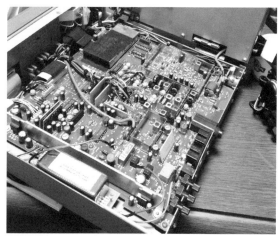

写真2-1-16　跳ね上げ式の内部基板は調整しやすい

CW/SSBで解除されます．このとき10mバンドのFMモードは50Wのままになるのが正しい仕様です(**写真2-1-13**)．

次に観音開きに基板を開いて，シグナル・ユニットのVR_{14}でFMモードで50Wに，VR_{17}でCWモードで95Wに合わせます(**写真2-1-14**)．このサンプルはWARC開放のD_{28}は未装着なので，送信対応済みです．

観音開きで基板を開くときにネジを1本取らないとネジ切れてしまうのですが，見事に壊してありました．ネジも異なるものが混入してネジ山が一部壊れていましたので，セルフタッピング・ネジに交換してマーキングしてから締めました．

VR_8でALCゼロ点，VR_9でALCのフルスケールを合わせます．29.2MHzで，CWで100WでALC規定の目いっぱい，同周波数のFMで50Wの出力を確認して調整を終えました．FMのみパワーが低減されるのが正しい設定です．

CWフィルタの追加

TS-140SのCWフィルタは455kHz帯です．今回は400HzのINRADのフィルタ(**写真2-1-15**)を実装しました．7MHzを聞いてみましたが，ほどよく切れて心地良いフィルタです．

跳ね上げ式の内部構造(**写真2-1-16**)はメインテナンスが楽です．基板を止めているネジが数カ所あり，跳ね上げるときは，パネル手前左のネジの外し忘れに注意してください．

◆ 参考文献 ◆
- TS-140S/680S　Service Manual KENWOOD

TS-140S

ATU内蔵 HFオールモード・トランシーバ
TS-440S

JG1RVN 加藤 徹

TS-440SはATUを内蔵し，かつAFSKによるRTTYで100W送信を可能としたHF機です．CWではフル・ブレークイン対応となり，AMTORにも対応しています．当時のPLL技術で，いかに送受信の切り替え時間を短くするか苦心したことが伺えます．

本機の特徴的な部分を**写真2-2-1**〜**写真2-2-6**に紹介しておきます．メインテナンス前の機種の思い起こしにご活用ください．

TS-440SはJARDスプリアス確認保証機種で，TS-440S/100はT97H，TS-440S/50はT97Mで新スプリアス規定による保証認定が可能です．

写真2-2-1 削り出しのダイヤルは近年の製品にない重厚感をもたらす

写真2-2-3 AF，RF，MIC，RIT，フィルタ選択つまみなどが並ぶパネル右側

写真2-2-2 ATU，モード，メモリなどのスイッチ類が並ぶパネル左側

写真2-2-4 RTTYはAFSKで対応．2125/2295Hzを使う

アマチュア無線機メインテナンス・ブック3　トリオ/ケンウッド編

写真2-2-5　VOXやDELAYが調整できる背面パネル右側

写真2-2-7　3SK73は時折劣化することがある

写真2-2-6　フル・ブレークインやAMTOR対応が本機の特色だった

TS-440Sの放熱のしくみ

温度検知はサーミスタによりファンを制御しています．放熱器の温度が50℃になるとファンがON，45℃になるとファンがOFFになります．連続送信で放熱器温度が約90℃になるとALCラインにマイナスの直流電圧を加えて強制的に出力をゼロにします．約75℃になると出力が出るようになります．

PAユニットPA440は，TS-850SとTS-440Sの共通です．ジャンク基板の融通ができます．

トラブル

受信部で感度低下がありました．スイッチON直後は正常なのですが，20分ほどで，スーッと感度が下がっていきます．これは同時代の他機種でも経験があり，3SK73の不良が疑われます．

チェックはIF基板を開き電源をONします．5分くらいしてから3SK73を指で触ると，発熱がひどいものが見受けられました．20分ほどすると感度が下がっていきます．冷却スプレーで冷やすと感度が戻るので，不良箇所が特定できました．

3SK73は新品在庫がほとんど見られませんが，搭載機種が多いので，ジャンク基板から移設して対応します（**写真2-2-7**）．

TS-440Sは，AFSKやFMで長時間運用した機材は，構造上，中心部にあるIF基板で熱によるはんだクラックが多発する傾向にあるようです．分解した際に，IF基板のエリアを6ブロックくらいに分けて，順番に全てのはんだを再加熱して，はんだクラックの防止を行いました．結構，根気を要する作業です．

拡張機能

TS-440のコントロール・ユニットのダイオードをカットすることにより，10Hz表示，18/24MHzのWARCバンド送信対応が可能です．**図2-2-1**と同図の付表を参照して必要なダイオードをカットしてください．

テスト機は後期バージョンでWARCバンドは開放済みでした．

50W化

フィルタ・ユニットの茶色のコードを抜き，どこにも差されていない白いコードを50W表示のピンに差すと全バンド50W化します（**写真2-2-8**）．

JARDの確認保証を受ける場合には，TS-440S/50，T131Mで申請してください．

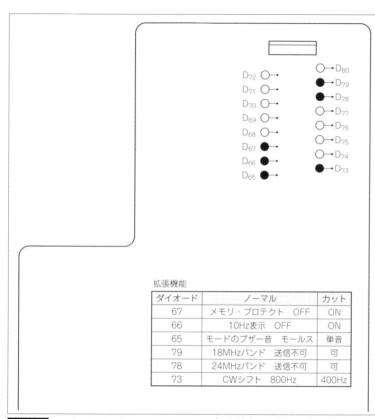

拡張機能		
ダイオード	ノーマル	カット
67	メモリ・プロテクト OFF	ON
66	10Hz表示 OFF	ON
65	モードのブザー音 モールス	単音
79	18MHzバンド 送信不可	可
78	24MHzバンド 送信不可	可
73	CWシフト 800Hz	400Hz

図2-2-1 コントロール・ユニットでのWARCバンド対応およびその他の設定

写真2-2-9 KENWOODブランドのYK-88Cは珍しい

写真2-2-10 TRIOブランドのフィルタ類コレクション

写真2-2-8 50W改造は白い線を「50」に差し込む

オプションのフィルタ

TS-440のフィルタは標準実装のSSB用セラミック・フィルタのみです．オークションで入手したSSB用ナロー・フィルタYK-88SNとCW用ナロー・フィルタYK-88CNを装着しました．装着後は，フィルタ横のジャンパ・ソケットをWIDEから青色リードをSSB端子に，白色リードをCW端子に差し替えます．

型番は似ていますが，YK-88CN-1は基板付きソケット型でフィルタ部分の周波数が別で互換性がありません．YK-88CNには前期型はTRIOの刻印があり，後期型はKENWOODに刻印が変わっています（**写真2-2-9**，**写真2-2-10**）．

水晶メーカーがNDKやHIROなど異なることがありますが，特性は変わらないので，型番に注意して選択すればよいと思われます．270Hzフィルタは，リンギングをほとんど感じませんでした．

リニア・アンプ用リレー

標準ではリレーはOFFになっています．リニア・アンプのリレーを使う場合は，底面のアンテナ端子の近くのリレーRL_2から出ているリード線をリレー・ユニットRL_1近くのピンのOFFからONに差し替えてください．

アマチュア無線機メインテナンス・ブック3　トリオ/ケンウッド編

VS-1音声合成ユニット

リグの中に，お姉さんがいるようにする機能，もとい，周波数を音声で読み上げるユニットです（**写真2-2-11**）．オークションでユニットを探すことができます．TW-4000モービル機ジャンクの中に入っていることもありました．

PLLユニット横にスペースがあり，ネジ止めします．ユニット近くの未接続の8ピンと3ピンのコネクタを基板に差し込みます．次に，IFユニットの未接続4ピン・コネクタを差し込みます．これを忘れると動作しません．

VS-1のスイッチでJPN（日本語），ENG（英語）を選択できます．電源を入れてVOICEを押すと周波数を発声します．VS-1のVR_1で音量調整して完成です．一部，タンタル・コンデンサが使用されていますので，必要に応じて代替してください．

VS-1基板には隠しコマンドがあります．C_1の横にジャンパ線スペースがあります．3をジャンパすると発声速度が3割アップ．1と2をジャンパすると6割アップの早口になります．テストしてみると英語では3割アップの速度が耳に心地良かったです．

基準周波数の調整

TS-440Sには基準周波数調整用のジャンパ用ピンジャックが両端に付いた治具が付属しています．中古の場合は欠けている場合があるので，適当なピンジャックで自作してください．

調整時はRFユニットのCALと，PLLユニットのTC_1のすぐ前の角にある2ピンのジャックのうち左側を，ジャンパで結びます．10/15MHzの海外の標準電波を受信しTC_1でゼロビートを取って調整完了です．必ずセラミック調整ドライバなどを使用してください．

受信調整

● RFユニット

図2-2-2を参照して進めてください．

- 14.175kHz：USBでT_7，T_8，T_{15}，T_9，T_{12}，T_{10}，T_{11}，およびT_3，T_4，T_5でAF出力最大．T_4，T_5，T_3，T_{10}，T_{11}，T_{12}は2〜3回繰り返します．
- 14.175kHz：VR_2でAFノイズ最大．

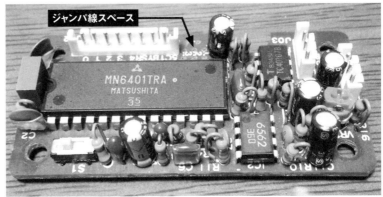

写真2-2-11　音声合成ユニット VS-1

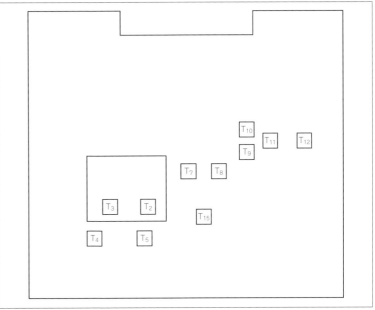

図2-2-2　RFユニットのおもな調整部分

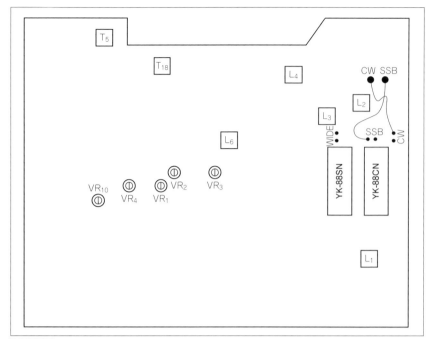

図2-2-3 IFユニットのおもな調整部分

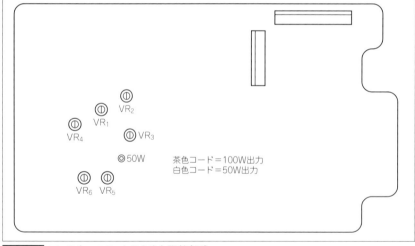

図2-2-4 フィルタ・ユニットのおもな調整部分

- 100kHz：VR_1でAFノイズ最小．
- SGで45.05MHz入力し，29MHzバンドでビート最小になるようT_1とTC_1を調整．
- ● IFユニット（受信部）

  図2-2-3を参照して進めてください．

- 14.175kHz：USBでL_1，L_2，L_3，L_4，L_{18}，L_5でAF出力を最大に．
- 29MHz：FMで，SGで$-33dBm$でフルスケールになるようVR_3を調整．
- 14.175MHz：USBでVR_2をSメータの振れ出しに合わせる．
- SGより$-107dBm$の信号を入力し，L_3を調整し最大点からコアを抜く方向でS1に合わせる．
- SGで$-73dBm$を入力，VR_3でS9に合わせる．
- CWワイドでSQLつまみを12時方向，VR_4でノイズが消える点にセット．
- A=BとAMを同時に押しながら電源ONにして，VR_{10}でピープ音を調整．

送信調整

● フィルタ・ユニット

  図2-2-4を参照して進めてください．

- 14.175MHzでCWモードで送信．ALCスケールが最小時にVR_1で95Wに合わせる．
- CAR VRで90Wに合わせ，VR_6でパワー・メータを90Wに合わせる．
- 29MHz CWでALCメータがフルスケール時にVR_3で50Wに合わせる．
- 14.175MHz：USBでMIC最小，CAR最小時にALCメータでSENDをON，VR_4でALCメータを0点に合わせる．ALC最大はVR_5で調整．

● RFユニット

  図2-2-2を参照して進めてください．

- 21.200MHzのCWでCAR最大で送信．スペクトラム・アナライザで観測し，スプリアスが-50

アマチュア無線機メインテナンス・ブック3　トリオ/ケンウッド編

写真2-2-12　後期モデルは廃版ICを基板上のチップ部品で代替して製品化していた

写真2-2-14　ケースを閉めるときは，スイッチ上の黒い布を敷くのを忘れないように

dB以下になるようにVR_4を調整．
- FMで4.6kHzデビエーションになるようVR_6を調整．

● IFユニット（送信部）

図2-2-3を参照して進めてください．

- 14.175MHzでUSBとLSB交互に送信．VR_7，VR_8でキャリア漏れが最小になり，USBとLSBのバランスが取れるように調整．
- CWサイドトーンはCWで送信し，VR_9で最適音量に調整．

その他

　メインテナンス機は後期モデルで初期設計で使われたICが廃品機種になっており，幾つかの基板の部品がチップ部品で代替回路が組まれて実装されていました（**写真2-2-12**）．メーカーのTS-440Sを作り続けた努力が伺えます．なお，内部基板は跳ね上げ式の構造のため動作状態で調整でき整備性は良いです（**写真2-2-13**）．

　上面のCWのブレークイン切り替えスイッチの下には，パネルとの間に黒い布が入っています．これを再組立時に忘れないようにセットしてください（**写真2-2-14**）．

写真2-2-13　整備性の良い跳ね上げ構造

◆ 参考文献 ◆
- (株)ケンウッド，TS-440S/V，取扱説明書．
- KENWOODサービスマニュアル，TS-440S/V．
- TECHNICAL NEWS No.21，KENWOOD．

50MHzモノバンド／オールモード高級固定機
TS-600の再調整方法

JR1TRX 加藤 恵樹

　トリオから50MHz専用のトランシーバが発売されたのは1976年頃でした．AM全盛期の時代から，SSBへ全面移行した頃であったと記憶しています．

　入門がハンディ機であった筆者には，オールモード固定機のTS-600の風格は圧倒的で，大変重量感に溢れ，高級機の雰囲気を漂わせていました．

　TS-600はモノバンド専用機として今でも人気があります．理由として緑色の照明の美しさ，オールモードで運用できること，そして何と言っても受信音がトリオらしいサウンドなどが挙げられます．昨今，AMモードの復活で，50MHzも毎週ロールコールがあり，SSB，AMとも昔のようなにぎわいが戻りつつあります．

　これらのラグチュー用として，また，遠くの局を追いかける固定機として，中古機を入手してメインテナンスを試みました．

　ここでは，分解方法と具体的な故障例としてCALスイッチの故障，最後に調整方法を紹介します．

メインテナンス作業

● 分解方法

　まず，上下のケースを取り外します．次に**写真**

写真2-3-1 前面パネルを倒すためのビス外しの位置

メインテナンスについての注意事項

1 各自の自己責任で行ってください．
2 オシロスコープ，SSG，デジタル・テスタ，RFプローブ，ダミーロードは必須です．テスタだけでメインテナンスはできませんのでご承知おきください．

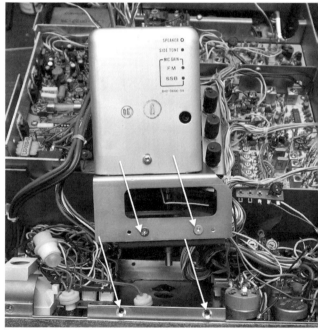

写真2-3-2 VFOをずらして取り外すビスの位置

アマチュア無線機メインテナンス・ブック3　トリオ/ケンウッド編

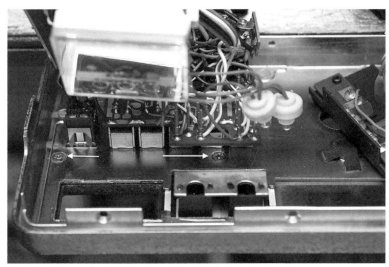

写真2-3-3　前面パネルと化粧パネルを取り外すためのビス位置 その1

写真2-3-4　前面パネルと化粧パネルを取り外すためのビス位置 その2

2-3-1で示した前面パネル両サイドの皿ネジを4本取り外します．パネル面のつまみ類は，全部外しておきます．**写真2-3-2**は，VFOを少し後ろに引いて持ち上げた状態です．この状態で，**写真2-3-2**で示すVFO取り付けビスを外します．ビスを外すとVFOを引き出すことができます．

次に**写真2-3-3**と**写真2-3-4**で示すビスを取り外します．これらを取り外すことで前面パネルが外れます．一部パネルにはガラスが使われていますので，落とさないよう慎重に取り外します．

● パーツ洗浄

パネル，つまみ類を取り外したら，マジックリンなどを使用して洗浄しましょう．汚れが取れ新品同様にきれいになり，メインテナンス作業を実感できるでしょう．

この後，アルミ枠をサビ取り剤で研磨します．新品同様の輝きを取り戻すことができます．

故障事例

● その1　VFOを回すとVFOランプが消えたり，点いたりする

VFOバリコンのアースの導通不良が原因です．詳細は「アマチュア無線機 メインテナンス・ブック TRIO/DRAKE編」(CQ出版社)p.94に記載されていますので，参考にしてください．

本機TS-600をはじめとして，トリオのTS-700シリーズ TS-520では，共通してこのアース不良に伴うトラブルがあります．

今回入手した8台のTS-700S，TS-600の全てにこのトラブルがありました．洗浄に伴う作業と一緒に2SC460を2SC1675に交換しておきましょう．

● その2　送信にならない

SENDにしても送信状態にならない不具合です．CALスイッチの接触不良を疑います．このスイッチの接触不良が確認できれば原因は判明ですが，残念ながらこのスイッチは特殊なので，代わりがありません．

そこで，**写真2-3-5**に示すスイッチをかしめている部分を外して，ドライバを差し込みます．この穴から洗浄剤をスプレーします．多めにスプレーした方が効果的です．洗浄後は元の状態にかしめます．数回スイッチをクリックすると復活するで

写真2-3-5　スケルチ，CALスイッチ洗浄ための分解の様子

写真2-3-6　CALスイッチが破損してしまったときの結線

しょう．

　スイッチを破損してしまったり効果がない場合は，**写真2-3-6**を参考に以下の作業をします．

　スイッチに配線されている茶色，橙/白，緑，橙，黒のリード線を外します．黒はアースなのでグラウンドへはんだ付けします．緑と橙のリード線は収縮チューブで絶縁します．茶/白，橙は接続します．接続部は収縮チューブでしっかりと絶縁しておきます．

　キャリブレーションはできませんが，送信は可能となるはずです．送信が確認できたら，SSGを用いてダイヤルのキャリブレーションを取れば，十分な実用状態に復帰します．

調整方法

　調整のための部品は**写真2-3-7**(p.34)とユニット配置の**図2-3-1**を参考にしてください．
　以下の手順で調整していきます．

送信部

● 電源ユニット

　9V端子にテスタを接続してVR$_2$によって合わせます．12V端子にテスタを接続してVR$_1$によって合わせます．

● MKRユニットの調整

　TS-600の操作スイッチを以下の状態にします．
- スケルチ　　　　　　CALL ON
- RIT　　　　　　　　OFF

　TP端子に周波数カウンタを接続してTC$_1$にて10000.00kHzに合わせます．

● CARユニットの調整

　TP端子にオシロスコープを接続し，T$_1$を調整し最大とします．
　次に周波数カウンタを接続し**表2-3-1**のように各トリマを調整します．

● HETユニットの発振周波数調整

　TS-600のダイヤル，操作スイッチを以下の状態にします．
- VFOダイヤル　　　　500

表2-3-1　CARユニットの調整ポイント

MODE スイッチ	調整トリマ	調整周波数（MHz）
LSB	TC$_1$	10.69850
USB	TC$_2$	10.70150
AM	TC$_3$	10.70060（送信時）
CW	AMと同じ（10.70060）であることを確認し，受信状態では107015になることを確認する．	

表2-3-2　HETユニットの発振周波数調整

BAND	調整コイル	調整周波数（MHz）	備考
50	L$_1$	69.9000	内蔵
51	L$_2$	70.9000	内蔵
52	L$_3$	71.9000	オプション
53	L$_4$	72.9000	オプション

アマチュア無線機メインテナンス・ブック3 トリオ/ケンウッド編

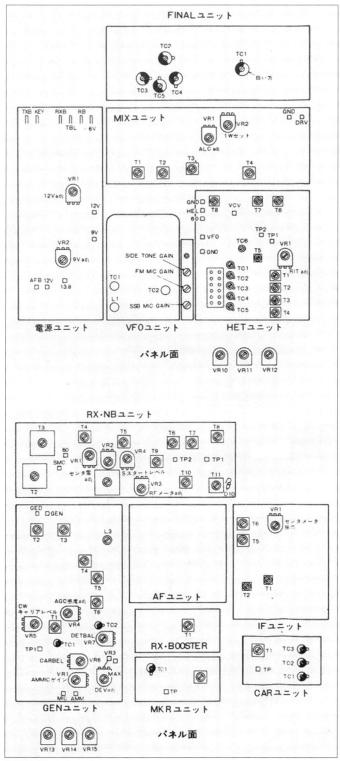

図2-3-1　内部配置図

- DRIVEつまみ　　　　　中央
- RITボリューム　　　　中央
- RITスイッチ　　　　　ON
- バンド・スイッチ　　　50

TP₁に周波数カウンタを接続し，調整コイルL₁～L₄で各バンドを**表2-3-2**の周波数に合わせます。

● **FMキャリアの周波数調整**

TS-600の操作スイッチを以下の状態にします．

- モード　　　　　　　　FM
- FIX CHスイッチ　　　　空きチャネル
- STBYスイッチ S　　　END

① GENユニットのGEN端子に周波数カウンタを接続します．
② GENユニットのL₃にて10.700MHzに合わせます．

MIXユニットの調整

TS-600のダイヤル，操作スイッチを以下の状態にします．

● **GENユニットの調整**

- VFOダイヤル　　　　　500
- DRIVEつまみ　　　　　中央
- FIX CHスイッチ　　　　空きチャネル
- MODE　　　　　　　　FM
- バンド・スイッチ　　　51
- STBYスイッチ　　　　 SEND（調整時）

GENユニットのGEN端子にオシロスコープを接続し，T₃を調整して最大にします．

モードをCWにし，FMと同じ大きさになるようにVR₅を調整します．

各バンドの調整（VCVの調整）

FIX CHスイッチをVFOに切り替えます．MIXユニット内のVR₁を回し（時計方向に回し切る），ALCをOFFにします

HETユニットのT₆，T₇，T₈およびMIXユニットのT₁，T₂，T₃，T₄を繰り返し調整し，RFメータの指示を最大に

写真2-3-7 調整用VRの位置

します．

DRIVEつまみを回して，中央で指示が最大であることを確認します．

FINALユニットの調整

写真2-3-7を参考にしてください．アンテナ端子にパワー計を接続します．

バンド・スイッチ50→本体VR_{10}にてパワー計の振れを最大にします．

次に，バンド・スイッチを52，53に切り替えVR_{11}，VR_{12}を調整して最大にします．52，53はオプションなので，水晶が挿入されていない場合は動作しません．

バンドごとにDRIVEつまみを回して，中央で指示が最大であることを確認します．

DRIVEの調整

TS-600の操作スイッチを以下の状態にします．

- バンド・スイッチ　51
- VFOダイヤル　　　1000
- DRIVEつまみ　　　時計の文字盤で2時のところ
- MODE　　　　　　CW
- STBYスイッチ　　 END（調整時）

ALCをOFFとしますTC_1〜TC_5を繰り返して最大パワーに調整します．各バンドとも12W以上であることを確認します．

ALCの調整

RF POWERつまみを中央にします．HETユニットのT_6〜T_8，およびMIXユニットのT_1〜T_4を微調整してRFメータの振れを最大にします．

DRIVEつまみを回し，中央で最大であることを確認します．

RFメータの振れの調整

TS-600の操作スイッチを以下の状態にします．

- バンド・スイッチ　51
- VFOダイヤル　　　500
- DRIVE　　　　　　中央

MIXユニットのVR_1にて送信出力を12Wにします．

RF POWERつまみを時計の9時にセットし，VR_2にて1Wにします．

TS-600のダイヤル，操作スイッチを以下の状態にします．

アマチュア無線機メインテナンス・ブック3　トリオ/ケンウッド編

- MODE　　　　　　　　FM
- バンド・スイッチ　　　51
- VFO　　　　　　　　　500

　RX-NBユニットのVR$_3$にてRFメータの振れを8にします．

受信部

● **SSB感度の調整(GENユニットの調整)**

　TS-600のダイヤル，操作スイッチを以下の状態にします．

- メータ・スイッチ　　　S
- バンド・スイッチ　　　51
- サブ・ダイヤル　　　　500
- DRIVE　　　　　　　　中央
- MODE　　　　　　　　USB

　Sメータの指示が最大となるようにGENユニット内のT$_4$〜T$_6$を調整します．

● **Sメータの振れだし調整**

- メータ・スイッチ　　　S
- バンド・スイッチ　　　51
- サブ・ダイヤル　　　　500
- DRIVE　　　　　　　　中央
- MODE　　　　　　　　USB

　調整は，RF GAINつまみを反時計方向に回して切ったときにSメータが振り切れ，時計方向に回し切ったときに減少することを確認します．確認後はRF GAINつまみを時計方向に回し切っておきます．

　次に無信号状態でRX・NBユニットのVR$_4$にて，Sメータの指針が振れ出した直後に設定します．

● **RX・NBユニットの調整**

① SSGより51.5MHz(10dB)の信号を加え受信します．
② SSGの出力を絞り(5dB)Sメータの振れを3〜5にします．
③ T$_1$〜T$_3$を繰り返し調整してSメータの指示を最大にします．
④ DRIVEつまみを左右に回して，中央の位置でSメータの指示が最大となることを確認します．この時，ずれていたらDRIVEつまみを中央にセットし，③の調整を繰り返します．
⑤ 次にT$_4$〜T$_8$を調整して，Sメータの指示を最大にします．ここから，Sメータの指示が3〜5になるようにSSGの出力を減じて調整します．

● **各バンドの調整(VCVの調整)**

　TS-600の操作スイッチを以下の状態にします．

- バンド・スイッチ　　　50
- DRIVEつまみ　　　　　中央

① SSGの周波数を50.5MHzにし，Sメータの指示がS3〜5となるようにSSGの出力を合わせます．
② 本体の半固定VR$_{13}$にて，Sメータの指示が最大になるようにします．
③ バンド・スイッチを52, 53と切り替えてVR$_{14}$, VR$_{15}$で同様の調整をします(52, 53の水晶はオプション)．

● **Sメータの調整**

① SSGを出力0dB，無変調とし，メイン同調つまみでSメータの振れを最大にします．
② GENユニット内のVR$_4$にてSメータの指示を"1"に合わせます．
③ SSG出力を20dBにし，RX・NBユニット内のVR$_2$にてSメータの振れを"9"に合わせます．
④ ②と③の調整を繰り返して行います．

● **センタ・メータの調整**

　TS-600の操作スイッチを以下の状態にします．

- MODEスイッチ　　　　FM
- メータ・スイッチ　　　CEN

① ワニ口クリップなどでRX・NBユニットのSMC端子をアースします．
② 同ユニットのVR$_1$にてRF目盛りの"5"に合わせます．
③ ワニ口クリップを外し無信号状態にて，IFユニットのT$_6$でセンタ・メータの指示をRF目盛りの"5"に合わせます．

◆ **参考文献** ◆

- TS-600 サービスマニュアル，KENWOOD．
- アマチュア無線機 メインテナンス・ブック TRIO/DRAKE編，CQ出版社．

◆ **パーツ入手店** ◆

- 樫木総業株式会社
  http://www.kashinoki.co.jp/index.shtml
  半導体関係特にトリオ製品で使われている3SKシリーズなど．
- 株式会社　アロー電子
  http://www.arrow-denshi.com
  水晶発振子の発注(古い無線機の水晶の相談にのってもらえる)．

HF/50MHzオールモード・トランシーバ
TS-690Sのレストア

JR1TRX 加藤 恵樹

　HF帯〜50MHzまでカバーしているトリオの TS-690Sは，今から30年ぐらい前に発売されたリグです．コンパクトでありながら基本的な機能がそろっているリグの1機種です．ネットオークションでは，現在も高価格です．

　入手時のチェックでは，外観は大変きれいでし

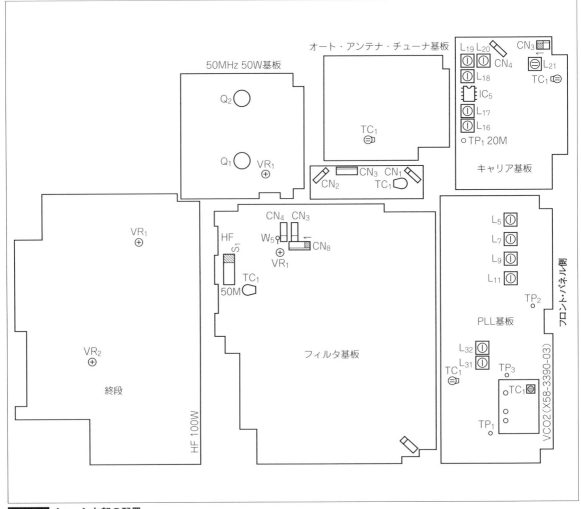

図2-4-1 シャーシ内部の配置

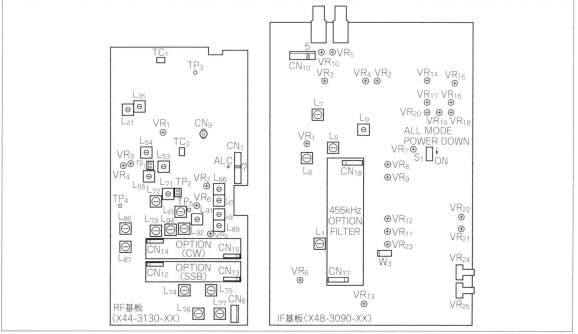

図2-4-2 シャーシ内部の配置
RF基板，IF基板

たが残念ながら10MHzと14MHzで出力が出ていません．そこで，この不具合を直すと同時に，全体の調整も手掛けることにしました．

内部のアクセス方法

① 上下のカバーを取り外す．
② 次に，ＳＰを止めてあるネジを外すとキャリア基板を確認できる．さらにこの基板を取り外すとPLL基板にアクセスできるようになる．
③ ファイナルにアクセスするためにはフィルタ基板を取り外す．そのときにアンテナ端子に接続されているジャンパ線をはんだごてで取り外す．

シャーシ内の配置は，**図2-4-1**と**図2-4-2**を参照してください．また，オール・リセットはフロント

表2-4-1 キャリア基板，PLL基板の調整ポイント

調整項目	測定器	周波数ダイヤル	測定端子	調整基板	調整部品	調整方法
基準周波数	カウンタ		CAR TP1	PLL	TC_1	20.000.000
8.375MHz	オシロ カウンタ		CAR CN3-1	CAR	L_{21}	1.00Vp-p
				CAR	TC_1	8.375MHz
60MHz BPF	オシロ		CAR IC5-5	CAR	L_{16}, L_{17}	最大
DLO	オシロ	14.200MHz	CAR CN4	CAR	L_{18}~L_{20}	最大
PLL IF BPF	オシロ	50.200MHz		PLL	L_{31}, L_{32}	最大
②VCOの調整						
	テスタ	0.03MHz	PLL TP2	PLL	L_5	2.5V以上
		10.490MHz	PLL			
			TP2			7.0V未満
	テスタ	10.500MHz	PLL TP2	PLL	L_7	2.5V以上
		21.490MHz	PLL TP2			7.0V未満
	テスタ	21.5MHz	PLL TP2	PLL	L_8	2.5V以上
		40.490MHz	PLL TP2			7.0V未満
	テスタ	60.000MHz	PLL TP2	PLL	L_9	2.5V以上
		40.500MHz	PLL TP2			7.0V未満
VCO2	テスタ		PLL TP3	VCO2	TC_1	5V

TS-690S

表2-4-2 受信部の調整ポイント

調整項目	設定	測定器	測定端子	調整基板	調整部品	調整方法
RFゲイン	CH:00 RF最大		IF CN10-5	IF	VR_{10}	3.0V
RIT	RIT VR中央					
IF SHIFT	IF SHIFT 中央					
LO2		オシロ	TP5	RF	VR_6	0.8V
IF AMP	1)CH:1(14.1MHz) SSG:14.10MHz SSG ATT:40〜60dBμ:	SSG	RF	RF	L_{71}〜L_{73}	MENU NO.6 AF出力最大
				RF	L_{76}	
		YK-88S	CN-12	IF	L_{77} L_1, L_6	
		8S	CN-13		L_7	
メニュー変更					MENU:03とUPキーを1回押す. 03:ch00 03:ch01	
RF AMP	1)CH:4(24.8MHz) SSG ATT:0〜10dBμ 2)CH:5(53.8MHz)	SSG	M.CH/VFO	RF	L_{35}	AF出力最大となるように調整
					L_{41}	
FM IF AMP	1)CH:06(28.8MHz FM) SSG ATT 40dBμ SSG MOD 1kHz SSG DEV 3.0kHz			IF	L_9	
Sメータ (FM)	SSG ATT 28dBμ			IF	VR_4	Sメータのインジケータが S9+60dBとなるように調整

表2-4-3 アジャストメントの調整ポイント

		測定器	測定端子			
Sメータ (SSB)	1)CH:07 (14.1MHz USB) SSG RF:OFF	テスタ	IF	TP(SM)	M.CH	MENU NO.8
				IF	VR_5	0.6V
S1	2)SSG ATT:6dBμ			IF	VR_1	Sメータのドットの3を示すように調整
S9	3)SSG ATT:30dBμ				MPキーを1回押す	Beep toneを確認
S9+60	4)SSG ATT:90dBμ				MPキーを1回押す	Beep toneを確認
	5)MENMを変更				M.CH/ VFO	MENU NO.3Upキーを1回押す	03 CH7 03 CH8
	6)CH:08 (28.8MHz)USB SSG ATT:30dBμ					MENU NO.9Upキーを1回押す	Beep toneを確認
	7)SSG ATT:90dBμ					Upキーを1回押す	Beep toneを確認
50MHz	8)MENUを変更. MENM No3 UpPキーを1回押す						03 ch08 03 ch9
	9)CH:09(50.1MHz) SSG ATT:26dBμ					MENU NO.10Upキー1回押す	10 Beep toneを確認
	10)SSG ATT:86dBμ					Upキーを1回押す	

図2-4-3 送信電流測定用の接続

パネルのA=Bキーとパワー・スイッチを同時に押して行います.

本メインテナンスには,以下の測定器機材が必要です.

- デジタルおよびアナログ・テスタ
- オシロスコープ
- 周波数カウンタ
- RF電圧計
- AF電圧計
- ダミーロード
- RF電力計

調整手順

● **キャリア基板, PLL基板**

調整のためのMODE設定方法は以下のように行います.

- 電源を切る.
- 前面パネルのAIP, XIT, SCANと電源スイッチを同時に押す.
- M.CH/VFOノブを回してMENU NO.2にする.
- UPキーを一度押す.

これで調整のためのMODEとなります.

M.CH/VFOノブを回してMENU NO.3にし,UPキーを使うことでCHを変えることができます.

調整は**表2-4-1**を参照して行ってください.

● **受信部の調整**

表2-4-2を参照して行ってください.

● **アジャストメント**

前面パネルのAIP, XIT, SCANと電源スイッチを同時に押します.M.CH/VFOノブを回して

表2-4-4 送信部の調整ポイント

調整項目	設定 測定器		測定端子	調整基板	調整部品	調整方法
ALC電圧	電圧計	1) CH:27	RF CN_{17}	IF	VR_{14}	2.5V
TX AMP	1) RF基板 　VR2：中央 　CAR VR_{11}：00 　PWR VR：MAX 　STBY：SEND	50Ω ダミーロードを アンテナ端子 に接続	RF CN_9	RF	L_{66}〜L_{68} L_{89} L_{91}〜L_{94}	オシロで観測して最大になるように 複数回，調整
MIX BIAS	1) STBY：SEND 2) CH：28 　CH：29				VR_4 VR_3	最大
50MHz AMP	1) CH：29 　PWR VR：最大 　CAR VR：10Wより低く 　STBY：SEND 　POWER METER		ANT端子	50MHz ファイナル 基板	TC_1	最大
50MHz バイアス調整	1) CH：29 　PWR VR：最小 　CAR VR：最小 　50MHzファイナル基板VR_1：最小 　STBY：SEND			50MHz ファイナル 基板 50W		送信し，このときの電流値(IA)を読 み取る．次に徐々にファイナル基板 のVR_1を回して(IA+250mA)となる ようにする *50MHzファイナル基板VR_1：最 小という意味は時計方向と反対方 向へ回し切る位置
HF FINAL	CH：31 PWR VR：最小 CAR VR：最小 HFファイナル基板VR_1：最小 VR_2：最小 STBY：SEND			HF帯 ファイナル 基板		1. 電流計を供給電源部と本体の 間に接続．送信にし，このときの電 流値を記録(I0A) 2. VR_1を少しずつ時計方向に回し てI0A+250mAになるように調整． このときの電流値I1=I0A+250mA を記録 3. VR_2を少しずつ時計方向に回し てIA+250mAになるように調整
ALC	CH：31 IF基板VR20(中央) CAR VR 最大 STBY：SEND			フィルタ 基板 CN_{8-1}	IF VR_{15}	105W
ALC 応答	1) CH：33(29.6MHz) 　STBY：SEND			フィルタ 基板	VR_1	105W
CAR POINT	CH：39(14.2MHz) 2トーン信号をマイク端子から入力 AG1：300Hz AG：2.7kHz STBY：SEND			アンテナ 端子 マイク	M.CH/ VFO	MENU NO.11もしくはMENU NO. 12でMP/DOWNキーを使用して波 形を調整 OK（波形図） NG（波形図）
CAR抑制	1) CH：39(14.2MHz USB) 　MIC VR：最小 　MODE：USB/LSB	ANT端子に写 真2-4-1のダミー ロードにプロー ブを接続してオ シロスコープで 観測	IF		VR_8 VR_9	LSBとUSBで波形が最小となるよう に調整

TS-690S

写真2-4-1 自作ダミーロード
オシロスコープのプローブを接続して測定

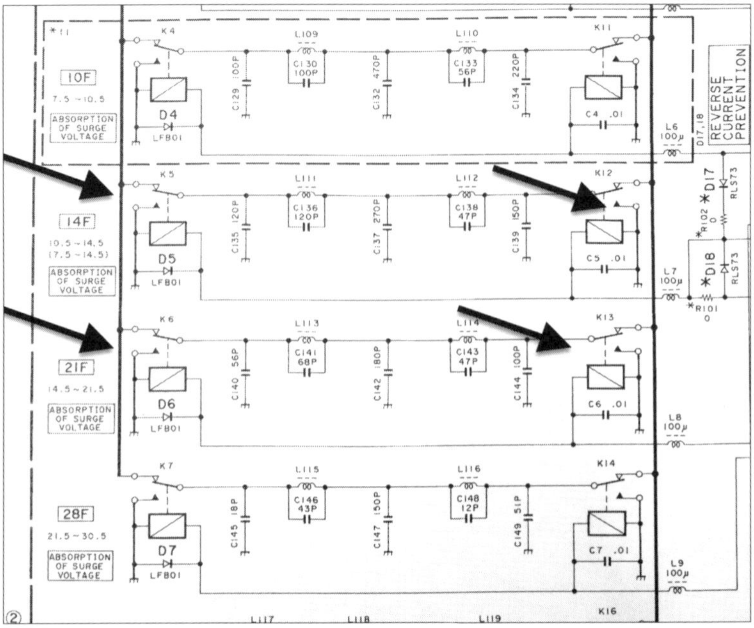

写真2-4-2 フィルタ回路のチェックするリレー

MENU NO.3にします.

UPキーを一度押します．03 ch06，03 ch07．

調整は**表2-4-3**を参照して行ってください．調整後はCLEARキーを1回押します．

● 送信部

表2-4-4を参照して行ってください．送信調整時のダミーロードには**写真3-4-1**のような自作のものを用いています．

また，送信電流測定は**図2-4-1**のVR_2に接続して行います．

全ての調整が終わりましたらオールリセットします．

10MHzと14MHzで電波が出ない現象への対応

調整後，オール・リセットをしてみましたが変化ありません．回路図を追ってみるとフィルタ回路部で10MHzと14MHzをリレーで切り替えています．**写真2-4-2**で示した矢印に示した部分に使用されているリレーの不良を疑って交換してみました．これにより10MHz，14MHzは出力されるようになりましたが，今度は18MHz，21MHzの電波が出なくなりましたので，最終的に全部のリレーを交換して完了となりました．

リレーは松下製です．現在も販売されているので入手も容易です．ネットで検索をかけるとAF部のケミコンの不良も多いようです．入手した物は問題ありませんでしたが，念のため交換しました．

交換したリレーですが，松下製よりオムロン製の方が安いのでこちらをお勧めします．

- リレー型番：オムロン　G6E-134P-US DC12
- 購入店：モノタロウ（ネット通販）

    https://www.monotaro.com/?displayId=104

◆ 参考文献 ◆
- TS-690取扱説明書，サービスマニュアル，ケンウッド．

アマチュア無線機メインテナンス・ブック3　トリオ/ケンウッド編

アナログ・レピータを復活させる
TKR-200A レピータ機のCWID書き換え

JJ1SUN 野村 光宏

各地に設置されていた430MHzや1.2GHzのレピータ機は利用者の減少や管理団体の解散と共に，廃局となって中古市場に出てきています．しかしCWIDはレピータ内のプログラムに組み込まれており，他のレピータ局に使用するには書き換えが必要です．

ケンウッドのTKR-200Aレピータ機のROMに収められているプログラムを解析して，CWIDの変更方法を調べてみました．

レピータの制御用ROM

レピータの制御用として8ビットのマイコンZ80が使われています．Z80のプログラムは2kバイトのEPROM 2716に書き込まれていました．**写真2-5-1**がTKR-200Aの制御基板の様子です．

2716はディスコンになってから数十年が経つため，互換品も含めて現在生産されているものはありません．

しかし，インベーダ・ゲームを始めとするテーブルTVゲーム機に大量に使われたこともあって，中古市場から入手することは不可能ではありません．ネットオークションにもときどき出品されているようです．

筆者の手元にも数十年前のゲーム基板から回収した2716が10個ほど残っていました．

プログラムを解析する

Z80は非常にポピュラなCPUだったため，バイナリ・コードからソース・コードに変換する逆アセンブラは多数あり，インターネットから入手することができます．レピータのROMをROMライタで読み出し逆アセンブラを通してみました．

Z80はリセットをかけると0番地から実行が始まります．ROMの下位番地から読んでいったところ，ROMの一番後ろ（07F3Hから07FFH）にCWIDと思われるデータが入っていることが分かりました．

残念ながらASCIIコードでデータが入っているのではなかったため，コードの解析を行いました．プログラムを追っていくとCWIDを出力ポートに出しているルーチンがあり，CWIDデータのビット構成が分かりました．

逆アセンブルしてコメントを付けたCWID送信プログラムの一部を**図2-5-1**に示します．プログラム・ループによってCW信号を作っているようです．

写真2-5-1 TKR-200Aの制御基板の様子

図2-5-1 逆アセンブルしてコメントを付けたCWID送信プログラムの一部

```
            RM06B6:
06B6: 2E 2D       LD    L, 2Dh
            RM06B8:
06B8: 26 00       LD    H, 00h
06BA: 22 06 1C    LD    (RM1C06), HL
06BD: 2A 08 1C    LD    HL,(RM1C08)    ;モールス・コード文字列へのポインタ
06C0: 7E          LD    A,(HL)
06C1: 23          INC   HL
06C2: 22 08 1C    LD    (RM1C08), HL
06C5: B7          OR    A
06C6: 28 38       JR    Z, RM0700      ;文字コードが0なら終了
06C8: 4F          LD    C, A
06C9: E6 07       AND   07h            ;下位3ビット抽出
06CB: 47          LD    B, A
06CC: FE 07       CP    07h
06CE: 20 04       JR    NZ, RM06D4     ;0でなければ文字出力
06D0: 06 01       LD    B, 01h
06D2: 18 10       JR    RM06E4
            RM06D4:                    ;1文字分のモールス・コード出力
06D4: CB 21       SLA   C
06D6: 30 06       JR    NC, RM06DE     ;キャリーが0なら短点、1なら長点
                                       ;長点の出力
06D8: CD 36 07    CALL  RM0736         ;RM1C06の中身の長さ分のパルスをポート6に出力
06DB: CD 36 07    CALL  RM0736
            RM06DE:                    ;短点の出力
06DE: CD 36 07    CALL  RM0736
06E1: CD 59 07    CALL  RM0759         ;RM1C06の中身の長さ分のスペース(無音)
            RM06E4:
06E4: 05          DEC   B
06E5: 78          LD    A, B
06E6: B7          OR    A
06E7: 20 EB       JR    NZ, RM06D4
06E9: CD 59 07    CALL  RM0759         ;文字間スペース
06EC: CD 59 07    CALL  RM0759
06EF: 2A 06 1C    LD    HL,(RM1C06)
            RM06F2:
06F2: CD 68 07    CALL  RM0768         ;スペース(無音)
06F5: CD 68 07    CALL  RM0768
06F8: 2B          DEC   HL
06F9: 7C          LD    A, H
06FA: B5          OR    L
06FB: 20 F5       JR    NZ, RM06F2
06FD: C9          RET
```

表2-5-1 アルファベット26文字と数字10字のコード

文字	2進数	16進数
A	01000010	42
B	10000100	84
C	10100100	A4
D	10000011	83
E	00000001	01
F	00100100	24
G	11000011	C3
H	00000100	04
I	00000010	02
J	01110100	74
K	10100011	A3
L	01000100	44
M	11000010	C2
N	10000010	82
O	11100011	E3
P	01100100	64
Q	11010100	D4
R	01000011	43
S	00000011	03
T	10000001	81
U	00100011	23
V	00010100	14
W	01100011	63
X	10010100	94
Y	10110100	B4
Z	11000100	C4
0	11111101	FD
1	01111101	7D
2	00111101	3D
3	00011101	1D
4	00001101	0D
5	00000101	05
6	10000101	85
7	11000101	C5
8	11100101	E5
9	11110101	F5

モールス・コードのビット割り当て

モールス・コードは可変長のため，規格化された表現はありません．TKR-200Aのプログラムでは，ひとつのモールス・コードが1バイトで表現されていました．

MSB側の5ビットでドット，ダッシュのパターンを表し，LSB側3ビットでモールス・コードの長さを表します．ただし，07Hは特例処理されており，単語間スペースを表します．

表2-5-1にアルファベット26文字と数字10字のコードを示します．

ROMの書き換え方法

2716に対応したROMライタが必要です．筆者は**写真2-5-2**に示すHILO SYSTEMS社製の汎用ROMライタを用いました．2716はメーカーおよび生産時期によって，書き込みに使用する高電圧が12.5Vのものと25Vのものがあります．電圧を間違えると瞬時に壊れてしまうので，十分に注意してください．

ROMライタにデータ修正機能があれば07F3番地以降を所望のコールサイン・データに書き換え

アマチュア無線機メインテナンス・ブック3　トリオ/ケンウッド編

写真2-5-2　HILO SYSTEMS社製の汎用ROMライタ

写真2-5-3　送受信ユニット

ることで行います．修正機能がない場合は，ROMの内容をバイナリ・ファイルとしていったんセーブし，バイナリ・エディタを用いて修正を行います．バイナリ・エディタもフリーソフトがインターネットから入手できます．

変更するのは10バイト程度なので手作業で行っても簡単です．最後の文字データの次に終わりを示す00Hを入れておく必要があります．そのためCWIDとして送信できるのは最長で11文字までとなります．

音声からCWIDへの切り替え回路の遅延があったとしても，モールス・コードの先頭が欠けることを防ぐため，最初の1文字はスペース(07H)を入れることが良いと思います．

図2-5-2にROM内に書き込んだCWIDの内容を示します．

ちなみに書き込んだメッセージは「DE JP1YFA」で，現用アナログ・レピータのバックアップ機としての使用を検討中のものです．

送受信周波数の変更

写真2-5-3が送受信のユニットです．
レピータのアップリンクおよびダウンリンクの

写真2-5-4　TKR-200Aの周波数制御は水晶発振子を利用しているので，希望の送受信周波数に
合わせた特注が必要．水晶は送受信とも周波数安定度を保つために温度補償用オーブンが取り付けられているバージョンもある

周波数は，指定となっています．中古機を他の局用に使用するには，周波数の変更が必要です．

TKR-200Aでは，送信および受信周波数を決めるのはプログラム中のパラメータではなく，水晶振動子による発振を使用しています(**写真2-5-4**)．水晶を特注しないと周波数の変更はできません．

図2-5-2　ROM内に書き込んだCWIDの内容

```
         +0 +1 +2 +3 +4 +5 +6 +7 +8 +9 +A +B +C +D +E +F  0123456789ABCDEF
0007C0   00 00 00 00 00 00 00 00-00 00 00 00 00 00 00 00
0007D0   00 00 00 00 00 00 00 00-00 00 00 00 00 00 00 00
0007E0   00 00 00 00 00 00 00 00-00 00 00 00 00 00 00 00
0007F0   00 00 00 07 07 83 01 07-74 64 7D B4 24 42 07 00         td]. $B.
000800
```

リグの周波数安定度を向上させる
TS-450Vに高安定水晶発振器を組み込む

JJ1SUN 野村 光宏

手元にあるJVCケンウッド社製HFトランシーバTS-450Vには，オプションとして20MHz出力の高安定水晶SO-2が用意されていましたが，そのSO-2と同じ動作をする温度補償型水晶発振器を使って，周波数安定度の向上をはかってみました．

使用した水晶発振器

TS-450Vは内部処理がDSP化される前の古いリグですが，クリスタル・フィルタなどの追加で高級機に近い構成までグレードアップできる，コンパクトな固定機です．

周波数安定度を向上させるためのオプション・パーツとして，20MHz出力の高安定水晶発振器SO-2が用意されていました．TS-450Vが製造されてから20年以上が経ち，オプション・パーツの入手は困難となっています．SO-2は上位の無線機とも共通のオプションとなっていたため，ネットオークションなどに出てきたときは，高額で落札されているようです．

東京・秋葉原の秋月電子通商で，温度補償型の水晶発振器が，安価で売られているのを見つけました．SO-2と同じ20MHz出力のものが手に入ったので，TS-450Vに組み込む"SO-2もどき"を作ってみました．

入手した水晶発振器（TCXO）は，セイコーエプソン社の製品です．秋月電子通商では，いろいろなタイプの20MHz水晶発振器が販売されていますが，温度による周波数変動が少ないTG-5021CE-16Nを選びました．

TG-5021CE-16Nを含めた使用する全ての部品を，**写真2-6-1**に示します．TG-5021CE-16Nは3.2×2.5mmの小さなセラミック・パッケージに入っており，SO-2と比べると非常に小さいのですが，性能的には近いものを持っています．

残念なのは，TG-5021CE-16NはTCXOなので発振周波数の微調整をすることができません．SO-2もメーカーで調整するだけで，周波数の調整穴は塞いであったと思います．

表2-6-1のデータ・シートの抜粋を見ると分か

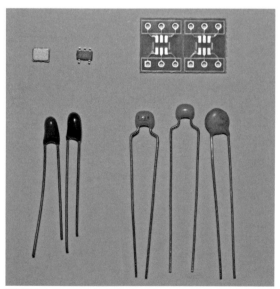

写真2-6-1 使用する部品はこれだけ

アマチュア無線機メインテナンス・ブック3 トリオ/ケンウッド編

表2-6-1 TG-5021CE-16Nのおもな仕様

項　目	記　号	VC-TCXO	TCXO	条　件
出力周波数範囲	fo	13MHz, 19.2MHz, 26MHz, 38.4MHz		標準周波数
		13.000MHz～52.000MHz		TG-5031CJ/TG-5021CG
		10.000MHz～40.000MHz		TG-5021CE
電源電圧	Vcc	1.8V ±0.1V（電源電圧範囲：1.7V～3.3V）		TG-5031CJ
		2.8V ±0.14V（電源電圧範囲：2.3V～3.6V）		TG-5021CG/TG-5021CE
保存温度	T_stg	$-40℃～+85℃$		単品での保存
動作温度	T_use	$-30℃～+85℃$		
周波数初期偏差	f_tol	$±2.0×10^{-6}$ Max.		リフロー後，+25℃ 基準
周波数温度特性	fo-TC	$±2.0×10^{-6}$ Max./$-30℃～+85℃$		
周波数負荷変動特性	fo-Load	$±0.2×10^{-6}$ Max.		10kΩ// 10 pF±10%
周波数電源電圧特性	fo-Vcc	$+0.2×10^{-6}$ Max.		Vcc=1.8V±0.1V（TG-5031CJ）
				Vcc=2.8V±0.14V（TG-5021CG/CE）
周波数経時変化	f_age	$±1.0×10^{-6}$ Max.		+25℃，初年度，10MHz≦f0≦40MHz
		$±1.5×10^{-6}$ Max.		+25℃，初年度，40MHz<f0≦52MHz
消費電流	Icc	2.0mA Max.		
入力抵抗	Rin	500kΩ Min.	―	Vc-GND（DC）
周波数可変範囲	f_cont	$±5.0×10^{-6}～±12.0×10^{-6}$		Vc=0.9V±0.6V（Vcc=1.8V） or Vc=1.4V±1.0V（Vcc=2.8V）
周波数変化極性	―	正極性	―	
波形シンメトリ	SYM	40%～60%		GND レベル（DC cut）
出力電圧	Vpp	0.8V Min.		Peak to peak
出力負荷条件	Load_R	10kΩ		DC cut capacitor=0.01μF
	Load_C	10pF		

表2-6-2 SO-2もどき　部品表

部品名	型名・値	メーカー	個 数	部品番号	コメント
IC	SI91841DT-285	Vishay	1	IC$_1$	秋月電子通商
水晶発振器	TG-5021CE-16N	セイコーエプソン	1	TCXO	秋月電子通商
セラミック・コンデンサ	150pF 25V		1	C$_5$	
積層セラミック・コンデンサ	0.01μF 16V		2	C$_3$, C$_4$	
タンタル・コンデンサ	0.68μF 16V		2	C$_1$, C$_2$	
ピッチ変換基板	SOT23用	Picotec	2		秋月電子通商

りますが，初期誤差は最大$±2.0×10^{-6}$なので，筆者の用途では必要十分と判断しました．

使用する部品を**表2-6-2**に示します．

電源回路

TG-5021CE-16Nの使用電圧は+2.8V±0.14Vとなっています．オリジナルのSO-2に供給される電圧は5Vなので，そのまま置き換えることはできません．

5Vから2.8Vに落すことができる3端子レギュレータは秋月電子通商になかったため，少し出力電圧が違いますが，Vishay社のSI91841DT-285を使用しました．2.85V出力なのでTG-5021CE-16Nの定格内に入っています．

TS-450V　45

図2-6-1 高安定水晶発振器の回路

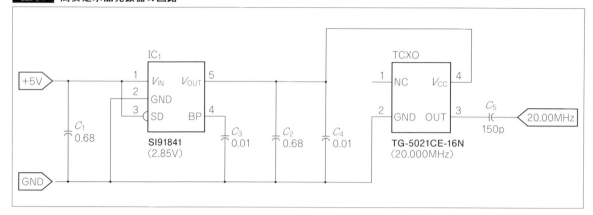

SI91841DT-285は，SOT23-5という非常に小さなパッケージの5ピンICですが，最大150mAの電流が供給可能です．

TG-5021CE-16Nは，定温オーブンではなく電気的に温度補償を行っているので，2mAというわずかな電力で動作させることが可能です．

SO-2もどきの組み立て

作成したSO-2もどきの回路図を**図2-6-1**に示します．TG-5021CE-16NとSI91841DT-285は表面実装用の小さなパッケージなので，そのままユニバーサル基板に搭載して組み立てることは困難です．

写真2-6-2 真ん中2つのパッドを剥がす

写真2-6-3 パッドにはんだを乗せておく

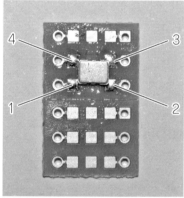

写真2-6-4 TCXOをはんだ付けする

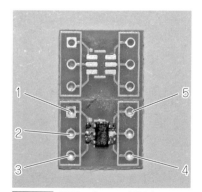

写真2-6-5 電源ICをはんだ付けする

写真2-6-6 タンタル・コンデンサのはんだ付け

写真2-6-7 積層セラミック・コンデンサを付ける

アマチュア無線機メインテナンス・ブック3　トリオ/ケンウッド編

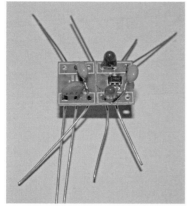
写真2-6-8 出力用のセラミック・コンデンサを付ける

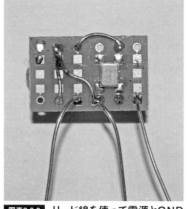
写真2-6-9 リード線を使って電源とGNDを配線

写真2-6-10 電源線の追加と絶縁チューブ取り付け

写真2-6-11 完成したSO-2もどき

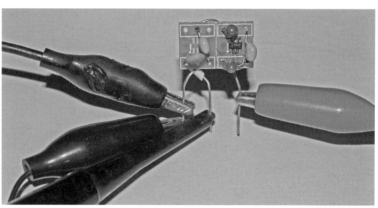
写真2-6-12 5V電源とオシロをつないで動作チェック

　ユニバーサル基板は使わずに，SOT23用のピッチ変換基板だけを使って組み立てることにしました．秋月電子通商ではSOT23変換基板は2種類売られていますが，裏面がドット・パターンとなっているもの（通販コードP-04800）を選びました．

　10枚のピッチ変換基板が，板チョコレートのようにつながって売られていたので，2枚をつなげたまま折り取りました．

　2枚のうち1枚の表面にSI91841DT-285を取り付け，もう1枚の裏面にTG-5021CE-16Nを取り付けます．TG-502ICE-16Nを取り付ける前に，**写真2-6-2**のようにピッチ変換基板の裏面のパッド2カ所を，カッターナイフなどを使って剥がしておきます．

　SI91841DT-285の入出力およびリプル・フィルタ用のコンデンサと出力コンデンサも，ピッチ変換基板上に取り付けました．

　細かい作業となり，表面実装部品の位置合わせなどかなり大変でした．スタンド・ルーペで拡大しながらはんだ付けを行うことで，組み立てることができました．組み立て作業の様子を**写真2-6-3**〜**写真2-6-10**まで順を追って示しますので，参考にしてください．

　基板の両面に部品を乗せるので，ピン番号を間違えないよう回路図と照らし合わせながら配線しました．

　組み立てが終わったSO-2もどき基板を**写真2-6-11**に示します．電源を入れる前に，再度ルーペで拡大して，はんだブリッジや未はんだがないか，十分チェックしてください．

発振動作テスト

　TS-450Vに組み込む前にSO-2もどき単体で，発

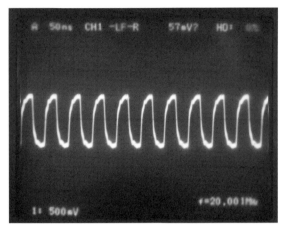

写真2-6-13 20MHzの出力を確認できた

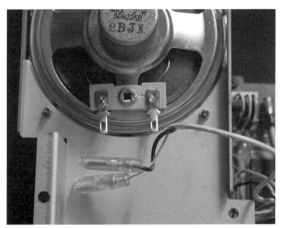

写真2-6-14 スピーカ・コードは一度取り外す

振動作テストを行います．**写真2-6-12**のように+5V端子とGND端子に，実験用電源からのリード線をつなぎます．SO-2もどきの発振出力にはオシロスコープをつないでおきました．

実験用電源から+5Vを供給すると，**写真2-6-13**のようにオシロスコープに20MHzの波形が現れ，組み立ては成功でした．試作に使用した水晶発振器の出力はサイン波ではなく矩形波に近いですが，TS-450Vの回路図で確認するとバッファしてからカウンタICに入力されるので，問題ないと思います．

手元に実験用電源がなければ，乾電池3本をつないで4.5V電源としてもテストできます．

SI91841DT-285の入力電圧は最大6Vです．13.8V出力の無線機用電源に，そのまま接続すると壊れてしまいますので，注意してください．

TS-450Vへの組み込み

発振テストが成功したのでTS-450Vへ組み込みを行います．電源ピン，GNDピンと出力ピンを間違いなくはんだ付けする必要があります．SO-2は5ピンですが，そのうち3本はGNDピンなので，3ピンが並んでいる側だけにはんだ付けすれば良いです．

SO-2を取り付けるには，TS-450VのPLL基板を取り出して裏面からはんだ付けする必要があります．TS-450V取扱説明書のSO-2の取り付け方法を見ながら行いました．

写真2-6-15 TS-450Vへ組み込む場所

PLL基板を取り出すには，スピーカ取り付け金具と，CAR UNITが乗ったシールド・カバーを取り外す必要があります．配線の下に取り付けネジが隠れている場所もあって作業は面倒でした．使用しているネジは鉄製なので着磁させたプラス・ドライバを使用すると作業がしやすいでしょう．

取扱説明書ではスピーカを外すように書かれていませんが，**写真2-6-14**のように一度外した方がPLL基板の取り外しが容易だと思います．

PLL基板のSO-2の場所を**写真2-6-15**に，SO-2もどきをはんだ付けした様子を**写真2-6-16**に示します．はんだ付けが終わったらSO-2もどきのリード

写真2-6-16 SO-2もどきをはんだ付け

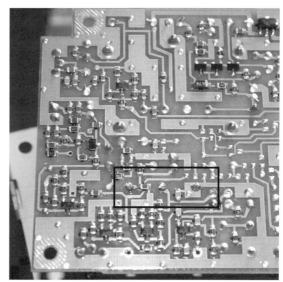

写真2-6-17 リードは短くカットしておく

線は，写真2-6-17のように短くカットしてシールド板とのショートを防ぎます．

　TS-450Vの取扱説明書にも記載されていますがSO-2を取り付けた場合は，TS-450V基板のジャンパ・ピンW4，W5をカットして，元の水晶発振回路の動作を止める必要があります．SO-2もどきの場合も同じなので，W4，W5を取り外しました．

　SO-2もどきモジュールは，軽いのでリード線だけで自立できていますが，移動運用などをする場合は，絶縁テープなどを用いて固定した方が良いでしょう．

　元のように組み立てるときは，配線をはさまないよう注意が必要です．スピーカ・コードも忘れずに元のように差し込みました．

動作テスト

　高安定水晶発振器を組み込んだことで無線機の機能が増えるわけではありません．メーカー指定のオプション部品ではないものを組み込むので，動作しなくなる可能性も考えられます．

　SO-2もどきを組み込んだTS-450Vを動作させてみました．周波数表示やSGからの信号の受信といった操作を行ってみましたが，特に問題はありませんでした．

　TS-450Vのアンテナ・コネクタに50Ωのダミー・ロードをつなぎSSBで送信した信号を，別の無線機で受信してみましたが，変調についても特に問題は感じませんでした．

　内部スプリアス受信が気になったのですが，CWモードに設定して20.0MHz近辺を受信すると，内部スプリアスと思われる信号が受信されました．ただ，オリジナルの水晶発振回路を使用した場合でも，スプリアス受信がありました．ハムバンド外なので，問題にはならないと思います．

　周波数の安定度を向上させなければならないという必然性はなかったのですが，安価な部品を使って無線機のグレードアップができたことに満足しています．

● JVCケンウッドの他のモデルへの応用

　同じような改造は，SO-2が使用できるJVCケンウッド社の無線機TS-950，TS-570，TS-850，TS-870，TS-690，TS-50，TS-60などでも有効だと思います．

　しかし，改造には失敗というリスクが伴います．古い無線機は，ケースを開けてコネクタを外しただけで，接触不良が起こって動かなくなる可能性もあります．無線機の改造については自己責任でお願いします．

トリオ/ケンウッド 07

汎用性抜群の代用オプション
HF機用のCWフィルタを作る

JJ1SUN 野村 光宏

フィルタの互換性

HFトランシーバの信号系がデジタル化される前は，DSPではなくセラミック・フィルタやクリスタル・フィルタが必要な選択度を得るために使われていました．

筆者の手元にあるケンウッドのTS-140，TS-690もそのような時代を反映した無線機です．標準搭載のSSBフィルタに加えて，オプションとして狭帯域のCWフィルタを追加することができるようになっていました．

本体が製品化されてから30年近くが経ち，オプション部品も製造中止となっています．この，現在では購入不可能な455kHz CWフィルタの代用となるものを作ってみました．

CWフィルタは中心周波数が合っていれば，他のメーカーの物でも利用可能です．

9MHz近辺の中間周波数用フィルタは，メーカーや機種により中心周波数が異なっているため，流用が不可能ですが，455kHzのフィルタはメーカーや形状が異なっていても機能的に互換性があります．

まれに455kHzではなく455.8kHzなどの中心周波数がずれたフィルタもあるので，入手時に注意が必要です．

他社製のクリスタル・フィルタを使う

アイコムの455kHz CWナロー・フィルタ FL-53Aが安価で手に入ったので，取り付け用の基板を作成しました．

ケンウッドの純正フィルタ基板は，基板の下からピンが挿さるボトムエントリ型のソケットです．市販品を見つけることができなかったため，**写真2-7-1**のような基板スタック用のピン・ソケットを用いることにしました．2.54mmピッチ1列の5ピン・ソケットです．

基板は2.54mmピッチ・ユニバーサル基板を80×25mmに切断して用いました．フィルタの取り付けネジ穴は3mm，ピンの穴は1.2mmのドリルで広げました．穴位置は，**図2-7-1**のフィルタ寸法図と**写真2-7-1**を参考にしてください．

完成したCWフィルタ基板を**写真2-7-2**，**写真2-7-3**に示します．スズ・メッキ線で配線していますが，製作時に注意する点は，両面スルーホール

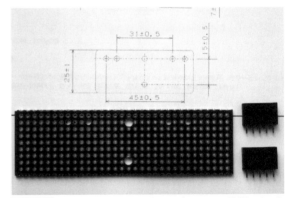

写真2-7-1 製作したフィルタ基板のソケットには基板スタック用のピン・ソケットを使った

アマチュア無線機メインテナンス・ブック3 トリオ/ケンウッド編

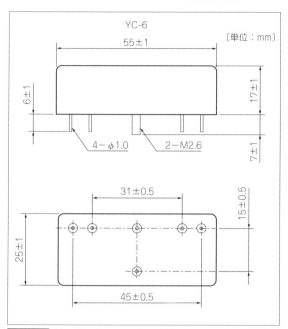

図2-7-1 FL-53A CWフィルタの寸法

写真2-7-4 製作したクリスタル・フィルタをTS-690に取り付けたところ

基板は，上面でケースに触れている穴はGNDに落ちています．このことを考慮に入れて，信号とGNDがショートしないよう配線を浮かせるようにすることです．

TS-690に取り付けた状態を，**写真2-7-4**に示します．基板を裏返しに取り付けるので，フィルタ固定用のネジが合いません．長いネジに取り替えてもよいのですが，外ケースとの間にビニール製

写真2-7-2 製作したクリスタル・フィルタの部品面

写真2-7-3 製作したクリスタル・フィルタの配線面の様子

のエア・キャップをはさむことで抜け落ち防止としました．

TS-690の場合，オプション・フィルタを追加したらセットアップが必要です．セットアップの方法は取扱説明書に書かれています．

ジャンクのメカニカル・フィルタを使ってみる

昔の搬送電話に使われていた富士通製の131.84kHzのメカニカル・フィルタが手元にあったので，周波数変換回路をフィルタの前後に追加して，455kHz CWフィルタもどきを作ってみました．

作成したフィルタの回路図を**図2-7-2**に，使用した部品のリストを**表2-7-1**に示します．

周波数変換に必要な323.16kHzのクロックは，12.288MHzの水晶発振を，AVRマイコンAT90S2313で38分周して作りました．

水晶発振子には$10\mu H$のマイクロ・インダクタを直列接続し，発振周波数を8kHz下げています．発振回路のコンデンサとインダクタの適正値は，水晶によって異なります．周波数カウンタで確認しながらカット＆トライで合わせこみます．

AVRマイコンに書き込んだプログラムを**図2-7-3**に示します．AVRマイコンは基本が1クロック1命令実行なので，19クロックごとに出力ポートのレベルを変化させているだけの簡単なプログラムです．AT90S2313のクロックは規格では10MHzまでですが，12.280MHzでも問題なく動作しました．

HF機用のCWフィルタ

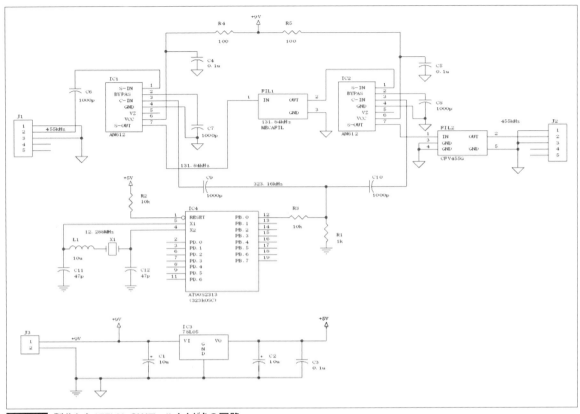

図2-7-2 製作した455kHzCWフィルタもどきの回路

表2-7-1 メカニカル・フィルタを使ったCWフィルタ製作の部品表

区 分	部品名	メーカー	個数	部品番号	コメント
メカニカル・フィルタ	H70M-0004-M417	富士通	1	FIL1	131.84kHz　ジャンクで入手
セラミック・フィルタ	CFV455G	村田製作所	1	FIL2	
IC	AN612	パナソニック	2	IC1, IC2	生産中止品
IC	AT90S2313	Atmel	1	IC4	秋月電子通商
IC	NJM78L05	新日本無線	1	IC3	同等品可
水晶発振子	12.288MHz		1	X1	
抵抗	100Ω　1/4W		2	R4, R5	
抵抗	1kΩ　1/4W		1	R3	
抵抗	10kΩ　1/4W		2	R1, R2	
セラミック・コンデンサ	47pF　50V		2	C11, C12	要調整
セラミック・コンデンサ	1000pF　50V		5	C6〜C10	
積層セラミック・コンデンサ	0.1μF 25V		3	C3, C4, C5	
タンタル・コンデンサ	10μF 25V		2	C1, C2	
マイクロ・インダクタ	10uH		1	L1	要調整
ジャンパ・ポスト	2ピン・ヘッダ		1	J3	電源用
ピン・ソケット	2.54mm　5ピン　1列		2	J1, J2	アイテンドー
ICソケット	20ピン		1	IC4	AT90S2313用
ユニバーサル基板	80mmx30mm	aitendo	1		2.54mmピッチ　両面基板を切断
電池スナップ	006P用		1		動作テスト用

アマチュア無線機メインテナンス・ブック3　トリオ/ケンウッド編

AT90S2313は生産中止になってからかなりの年月が経ちますが，まだ秋月電子通商で入手可能なようです．

後継品種のATTiny2313に置き換える場合，ソフトウェアの変更は不要です．ただし，外部水晶発振で動作するようヒューズビットCKSELを1111にし，CKPSを0000にする必要があります．

DDSチップも安価で手に入るようになので，DDSと設定用のマイコンという手もあります．

周波数変換にはパナソニック製のAN612 DBMを用いました．CB無線機用に開発された古いICですが，中波帯でも使えました．他のDBM ICでもよいのですが，接続は変更が必要となります．DBMで455kHzに戻した後に，安価な455kHz用AMセラミック・フィルタを付加しました．

完成したCWフィルタもどきを**写真2-7-5**，**写真**

図2-7-3 12.288MHz水晶を使って323.16kHzを作るAVRマイコンのプログラム・リスト

```
AVRASM ver. 1.77.2 323kosc.asm Sun Apr 02 10:19:26 2017

;--------------------------------
;
; 323.16kHz OSC (323kOSC.asm)
;
; ver: 0.01
; type: stand alone
; date: 2017/4/1
;
;--------------------------------
; use Atmel AT90S2313
;     12.288MHz crystal
;--------------------------------
;I/O ports
; PORT B bit 0 OSC_OUT1
; PORT B bit 1 OSC_OUT2
;--------------------------------
    .nolist
;--------------------------------
; CPU register declaration
;
    .def    WREG        = r25   ; working register
;
;--------------------------------
;
    .cseg
;--------------------------------
; program starts here
    .org    0
000000 ef9f    LDI     WREG,0B11111111
; bit 0-7 output
000001 bb97    OUT     DDRB,WREG
000002 ef9f    LDI     WREG,0B11111111
; bit 0-7 output
000003 bb91    OUT     DDRD,WREG
;--------------------------------
; 323.16kHz output
;
; 12.280MHz /38 = 323.16kHz
;
LOOP323:
000004 e092    LDI     WREG,0B00000010
000005 bb98    OUT     PORTB,WREG
000006 0000    NOP
000007 0000    NOP
000008 0000    NOP
000009 0000    NOP
00000a 0000    NOP
00000b 0000    NOP
00000c 0000    NOP
00000d 0000    NOP
00000e 0000    NOP
00000f 0000    NOP
000010 0000    NOP
000011 0000    NOP
000012 0000    NOP
000013 0000    NOP
000014 0000    NOP
000015 0000    NOP
000016 0000    NOP
;
000017 e091    LDI     WREG,0B00000001
000018 bb98    OUT     PORTB,WREG
000019 0000    NOP
00001a 0000    NOP
00001b 0000    NOP
00001c 0000    NOP
00001d 0000    NOP
00001e 0000    NOP
00001f 0000    NOP
000020 0000    NOP
000021 0000    NOP
000022 0000    NOP
000023 0000    NOP
000024 0000    NOP
000025 0000    NOP
000026 0000    NOP
000027 0000    NOP
000028 cfdb    RJMP    LOOP323
;
;--------------------------------
;           end program
;--------------------------------
Assembly complete with no errors.
```

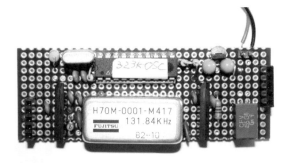

写真2-7-5 メカニカル・フィルタを使ったCWフィルタ基板の部品面

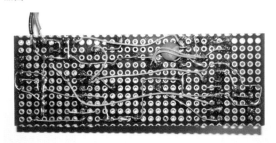

写真2-7-6 メカニカル・フィルタを使ったCWフィルタ基板の配線面

写真2-7-7 TS-140に取り付けたメカニカル・フィルタ改造CWフィルタ

写真2-7-8 TS-690用に作ったCWナロー・フィルタはTS-140に取り付けることもできる

2-7-6に示します.

　部品が多いこともあり，メカニカル・フィルタ基板は80×30mmと純正より，一回り大きくなってしまいました．TS-140ではCWフィルタ部分は別基板となっており，フィルタ基板が多少大きくても取り付けることが可能です．作成したCWフィルタ基板をTS-140に取り付けた様子を，**写真2-7-7**に示します.

　TS-140には**写真2-7-8**のようにTS-690に搭載したクリスタル・フィルタ基板も搭載できます.

製作したフィルタを使ってみる

　TS-140を使ってフィルタを交換しながらCW信号を聞き比べてみました．メカニカル・フィルタ基板の電源は，テストなので006P型の9V乾電池を用いました.

　使用したアイコムのクリスタル・フィルタは，ケンウッドのYG-455CN-1と同クラスの特性を持っています．実際にCW信号を受信したときも，455kHzのナロー・フィルタらしい良く切れるフィルタという感じでした.

　メカニカル・フィルタを使って自作したフィルタは，搬送電話のキャリア用フィルタということもあって，切れの点で満足できるものではありませんでした．メカニカル・フィルタのデータシートが入手できなかったため詳細は分かりません．インターネット情報では4素子のフィルタらしいので，帯域外減衰が甘いのは仕方ないとも言えます.

　発振回路やミキサ回路が追加されることにより，全体としてのバックノイズは増加しますが回路構成としては使えそうに感じました.

　中心周波数が半端なフィルタでも，発振器の周波数を調整することで合わせ込むことができます．セラミック発振子や水晶発振子を用いて狭帯域のラダー・フィルタを製作し，メカニカル・フィルタを置き換えた方が良い結果が得られそうです.

八重洲無線編

01 ▶ 性能を取り戻すメインテナンス
　　　FT-757GXの再調整ポイント

02 ▶ 430MHzオールモード・モービル機の草分け
　　　FT-780の調整と保守

性能を取り戻すメインテナンス
FT-757GXの再調整ポイント

JR1TRX 加藤 恵樹

八重洲無線から発売されたFT-757シリーズは，1983年に発売され，その後WARC対応となったGXII，さらにV/UHF帯までカバーしたFT-767（50/144/430MHzはユニット追加）が発売されました．

本稿で取り上げるFT-757GXは，軽量コンパクト設計で販売量も多かった機種ではないでしょうか．筆者がHF帯にカムバックした際に購入したリグでもあります．今でもネットオークションで見かけることが比較的多いのですが，程度の良い製品は入手が難しくかつ高値になってしまいます．

今回，ほぼ新品同様のFT-757GXを入手することができたので，メインテナンスとWARCバンド送信対応ならびに28MHz帯の出力制限の解除を試みました．

コンパクト軽量のため，メインテナンス性は良くありません．また注意点として古い無線機ですので，調整手順に指定されている値にならないとこだわって，いじり壊さないようにしましょう．たとえ周波数カウンタなどの測定器を用いたとしても，その測定器自体に信頼すべき精度がないと誤差が生じ，調整の意味がなくなります．自己責任でお願いします．

本稿の作業に必要な必要工具，測定器は以下のとおりです．
- RF電圧測定器（デジタル・マルチメータにRFプローブを作成して使用できるもの）
- オシロスコープ
- SSG
- セラミック・ドライバ各種
- 周波数カウンタ
- ダミーロード

LOCALユニットの調整

写真3-1-1を参照しながら進めてください．

● **45MHzバンドパス・フィルタの調整**
- TP_{2006}にRF電圧計を接続しバンドを14MHzとする．
- T_{2009}，T_{2010}のコアを回して電圧を最大に調整する．目安は80mVrms以上．

● **60MHzバンドパス・フィルタの調整**
- TP_{2006}にRF電圧計を接続してバンドを21MHzにする．
- T_{2011}，T_{2012}のコアを回して，電圧を最大に調整．目安は80mV rms以上．

● **45MHzバンドパス・フィルタの調整**
- TP_{2002}にRF電圧計を接続し，バンドを14MHz合わせる．
- T_{2006}，T_{2007}のコアを回して電圧を最大，もしくは80mVrms以上に調整．

● **14MHz発振周波数の調整**
- TP_{2002}に周波数カウンタを接続し，TC_{2006}を回して周波数を45.000MHz（±20kHz以内）になるように調整する．

● **2ndローカルの調整**
- TP_{2007}に周波数カウンタを接続し，ダイヤル表示を14.000.00MHzに設定．

アマチュア無線機メインテナンス・ブック3　八重洲無線編

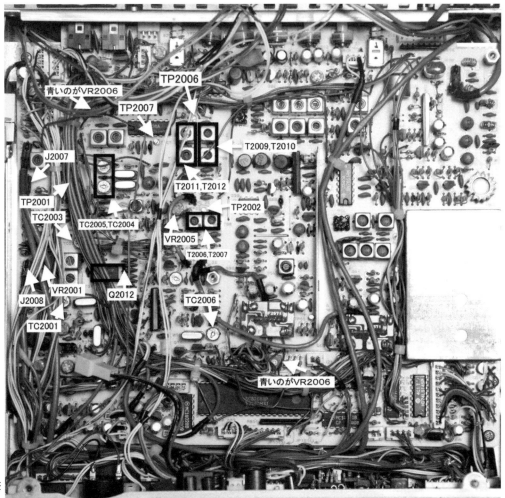

写真3-1-1
LOCAL基板
本文にある調整箇所を示す

- VR_{2006}を回して，周波数を32.060.00MHz(± 20kHz以内)に調整する．
- ダイヤル表示を13.99999に変えて，周波数が32.0501MHzになるようにVR_{2014}を調整．このときひとつ前の調整項目32.060.00MHzとの周波数差が990Hz ± 5Hz以内であること．

● キャリア・ポイントの調整

　古い機種ですので，水晶発振子やその他の電子パーツの経年変化により，調整を追い込めない場合があります．そのときは，実際の受信音を利用して調整した方が良い場合もあります．くれぐれもトリマを壊さないように，無理のない範囲での作業としてください．

- J_{2008}に周波数カウンタを接続し，SSBとCWのモードごとに表3-1-1のように調整する．なお，LSBとUSBは仮調整となる．

● BFO周波数の調整

　Q_{2012}のピン②に周波数カウンタを接続し，モードCWの受信状態でTC_{2001}を回し，周波数を15.0007MHzに調整．

● キャリア・レベルの調整

　TP_{2001}にRF電圧計を接続しモードLSBで送信しTC_{2003}を回して電圧を90mVrms$\pm$5mVrmsに調整．

表3-1-1

モード	調整箇所	調整周波数
LSB	TC_{2005}	8213.4kHz($\pm$50Hz)
CW	TC_{2004}	8215.9kHz($\pm$50Hz)
USB	VR_{2005}	8616.6kHz($\pm$50Hz)

FT-757GX

写真3-1-2 RF送受信基板
本文にある調整箇所を示す

● キャリア・バランスの調整

J_{2007}にRF電圧計を接続し，モードLSBで送信しVR_{2001}を回して電圧が最小になるように調整.

● PLLサブループVCOの調整

- T_{P2003}にデジタル・マルチメータを接続して，ダイヤル表示を14.499MHzに設定したときの電圧が5.5V（±0.1V）になるようにT_{2008}のコアを調整.
- 周波数を14.500MHzに変えたときの電圧が2〜3Vの範囲になっていることを確認.

RFユニット受信部の調整

写真3-1-2を参照しながら進めてください.

● 3rdローカル発振回路の調整

Q_{1028}のエミッタにRF電圧計を接続し，T_{1019}のコアを回して電圧が最大になるように調整する.

● 2ndローカル発振回路の調整

T_{1006}とT_{1023}の間にあるジャンパ・ピンにRF電圧計を接続し，T_{1022}のコアを回して電圧が最大になるように調整.

● 受信中間周波トランスの調整

- VR_{1001}を時計方向いっぱい，VR_{1010}をメータが振り始める直前の位置に設定.
- SSGより14.000MHz 60dBの信号をアンテナ端子に加えて受信，Sメータの振れが最大になるようにT_{1016}, T_{1015}〜T_{1010}, T_{1007}, T_{1006}〜T_{10004}の順に調整する.
- 調整中にSメータが振り切れる場合にはSSGの出力を下げるか，VR_{1011}を調節して最大点に調整する.

● 受信感度とSメータの調整

- アンテナ端子にSSGより14.000MHz 6dBの信号を加えて受信，SメータがS1まで振れるようにVR_{1001}を調整する.
- SSGの出力を100dBに増加し，Sメータの振れがフルスケールになるようにVR_{1011}を調整する.

● NB回路の調整

- Q_{1013}の第2ゲートに直流電圧計を接続し，アンテナ端子にSSGより14.000MHz 40〜60dBの信号を加える.
- NBスイッチをONにして，T_{1008}, T_{1009}のコアを回して電圧が最小になるように調整する.

RFユニット送信部の調整

写真3-1-2を参照しながら進めてください.

アマチュア無線機メインテナンス・ブック3 八重洲無線編

写真3-1-3　PA基板
本文にある調整箇所を示す

● ALCメータのゼロ・セット調整

　14MHz，USBモード，マイク入力なしで送信し，ALCメータが振り始める直前の位置にVR$_{1008}$を調整する．

● 送信中間周波トランスの調整

- 14MHz，CWモード，DRIVEコントロールを時計方向いっぱい，メータ・スイッチをALC，VR$_{1006}$（製品プリント基板には1003と印刷）を中央に設定して送信状態にする．
- T$_{2020}$，T$_{1021}$，T$_{1023}$，T$_{1024}$，T$_{1025}$のコアを回してALCの振れが最大となるように調整する．
- 当初，ALCメータが振れない場合は，POメータにして出力最大を求めてからALCメータに戻して本項2項目の調整を再度行う．
- このときALCメータが振れすぎた場合は，DRIVEコントロールを調節して最大点が読み取れるように調整する．
- 14MHz，CWモードで送信し，VR$_{1006}$（製品プリント基板には1003と印刷）を回して出力が100W

になるように調整する．
- 28MHzにバンドを切り替えて送信し，VR$_{1005}$を回して100Wになるように調整する．

● POメータの調整

- 14MHz，CWモードで送信し，出力を100Wに調整．
- 背面のFWD-REVスイッチをFWD前面のメータ・スイッチをPOにしFWD SET（VR$_{1009}$）を回して100Wを指示するように調整する．

PAユニットの調整

● 終段アイドリング電流の調整

　写真3-1-1に示すジャンパ線を外して直流電流計を接続し，LSBモード，MIC入力無信号で送信したときの電流が250mA±50mAになるように調整します．

調整後，ジャンパ線は元に戻します．

LPFユニットの調整

写真3-1-3を参照しながら進めてください．

● CMカップラのバランス調整

- 前面パネルのメータ・スイッチをPO，背面のFWD-REVスイッチをREVに設定．
- 14MHz，CWモードで送信し，POメータの振れが最小になるようTC$_{3001}$を調整．

WARCバンド送信対応

　写真3-1-2を参照してください．写真の「①」に示した2本のダイオードをカットします．基板上に番号は書いてありませんので，注意深く探してください．

　全バンドで100Wを出力するか確認して作業は終了です．

◆ 参考文献 ◆
- 八重洲無線「FT-757GX 調整の手引き」 八重洲無線

FT-780の調整と保守

430MHzオールモード・モービル機の草分け

JR1TRX 加藤 恵樹

430MHz帯のモービル機として登場したのが1980年で，発売からすでに38年も経過しているリグですが，SSB, CW, FMモードに対応していますので固定機としても人気があるリグです．

ここでは調整を中心に，お話を進めていきます．本稿で扱う調整に必要となる測定器は以下のとおりです．

- テスタ
- RF電圧計
- AF電圧計
- SSG
- 低周波発振器
- スペクトラム・アナライザ（スペアナ）
- オシロスコープ
- RFパワー計
- 周波数カウンタ

PLL基板の調整では，シールド板を取り外す必要がありますので，取り扱いには注意してください．また，後半の送信部の調整には，ダミーロードが必要になります．

受信部の調整

メイン・ユニットでの作業になります．**写真3-2-1**を参照して，以下の調整作業を進めてください．

● 第2ローカル発振回路の調整

- MODE SWをFMにする．
- Q_{1004}のコレクタにRF電圧計を接続し，TC_{1001}を回して最大電圧より10%ほど電圧を下げ，安定に発振する点に調整する．
- Q_{1002}のゲートに周波数カウンタを接続し，L_{1001}のコアにて発振周波数を56.91MHzに調整する．
- Q_{1002}のゲートにRF電圧計を接続し，最大電圧（300〜500mVrms）になるようにT_{1004}のコアを調整する．

● 第3ローカル発振回路の確認

- MODE SWをFMにする．
- Q_{1007}のエミッタにRF電圧計を接続し，発振電圧を確認する（50〜150mVrms）．
- Q_{1007}のエミッタに周波数カウンタを接続し，発振周波数（10.245MHz±200Hz）を確認する．

● 受信第2中間周波回路の調整

- MODE SWをFMにする．
- Q_{1002}のゲートにスペアナの出力を接続し，Q_{1006}のベースに検波器を通してスペアナの入力に接続する．
- VR_{1004}を時計方向に回し切った状態で，T_{1005}，T_{1006}，T_{1007}のコアを回してスコープの波形振幅を最大に調整し，さらに波形が**図3-2-1**のような特性になるように調整する．

● SSBキャリア発振の確認

- MODE SWをLSBにする．
- TC_{1002}，TC_{1003}を容量半分の位置に設定．なお，TC_{1002}，TC_{1003}は送信時に再調整するので，ここでは大まかでよい．
- RF電圧計をジャンパ線の芯線に接続し，発振電圧（150〜200mVrms）を確認する．
- MODE SWをUSBにして前項同様に発振電圧（150〜200mVrms）を確認する．

● 受信総合調整

- MODE SWをUSBもしくはLSBにする．
- アンテナ端子へSSGより435MHz 10dBの信号を加える．
- 受信周波数を435MHzにして，SSGの信号を受信することを確認．

アマチュア無線機メインテナンス・ブック3　八重洲無線編

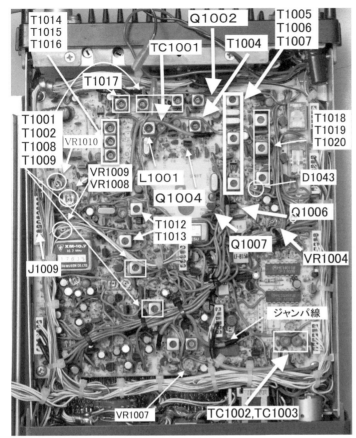

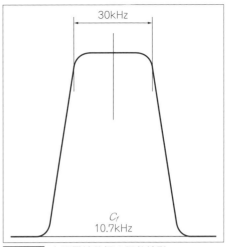

図3-2-1　中間周波数幅の調整波形

写真3-2-1　メイン・ユニットの配置

- Sメータ(LED)が最も右まで点灯するように、メイン・ユニットのT_{1001}, T_{1002}, T_{1008}, T_{1009}, PLL基板(次ページの写真3-2-2参照)のT_{3001}, T_{3002}, T_{3003}を調整する．

● N.Bの調整

- MODE SWをCWにする．
- アンテナ端子へSSGより435MHz 約5dBの信号を加える．
- 受信周波数を435MHzにして，SSGの信号を受信することを確認．
- D_{1043}のカソードとアース間へ直流電圧計を接続し，電圧が最大になるようにT_{1018}, T_{1019}, T_{1020}を調整する．

送信部の調整

調整にはダミーロードを使います．写真3-2-1を参考にしてください．

● エキサイタ増幅回路の調整

- 送信周波数を435MHz，MODEをCWにする．
- アンテナ端子にRF電力計を接続．蛇足ですが，RF電力計のアンテナ端子にはダミーロードを接続しておくこと．
- メイン・ユニットのVR_{1009}を時計方向，VR_{1008}を反時計方向に回し切る．
- KEYジャックに電鍵を接続し，送信状態にする．
- 送信出力が最大になるようT_{1012}〜T_{1017}を調整．

● CWキャリア発振回路の調整

- J_{1009}の①ピンに周波数カウンタを接続．
- MODE SWをCWにして送信状態にする．
- 発振周波数が67.6093MHzになるようにTC_{1001}を調整する．

● ALCの調整

- MODE SWをFMにして送信する．
- 送信出力が10Wになるように，メイン・ユニットのVR_{1008}を調整する．

● POメータ(LED)の調整

- MODE SWをFMにして送信する．
- 送信出力が10Wになるようにメイン・ユニットのVR_{1008}を調整する．

● キャリア・バランスの調整

- MODE SWをUSBにし，マイク・ジャックのマイク信号入力端子をアースに落として送信する．

FT-780

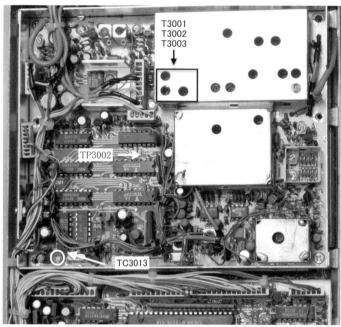

写真3-2-2 PLL基板の配置

- モニタ受信機で受信して，信号強度が最も弱くなるようにVR$_{1007}$を調整する．
- 次にMODE SWをLSBに切り替え，USBと同様に調整する．
- USB，LSBを数回繰り返し信号強度が最も弱く，さらに同じなるように調整する．

PLL回路の調整

● PLL基準水晶発振回路の調整

写真3-2-2を参照して，以下の調整作業を進めてください．

- PLLユニットTP$_{3002}$に周波数カウンタを接続．
- TC$_{3013}$を回して9.996667MHzに合わせる．

◆ 参考文献 ◆
- FT-780取扱説明書　八重洲無線

Column　古い無線機の再塗装の方法

　ネットオークションなどで入手した無線機が錆びていたり，塗装がはげていたりしてがっかりした人もいることでしょう．逆に素晴らしい再塗装のレストア製品が届けば「やった！」という気持ちにもなりますね．ここでは，「やった！」という気持ちに近づける，簡単な再塗装の方法を紹介します．対象機種はトリオTS-600，TS-700，TS-830，八重洲無線FT-401シリーズです．オリジナルに近い色ではありますが，若干異なることをご承知おきください．

● 塗装材料

　塗装には以下のものを使います．
- 塗料：99工房ボディーペン ニッサン用 463番
- サンドペーパー：100円ショップで数種類セットになっているのをケースの状態に合わせて選択
- さび止めブラシ，マスキング・テープ

● 作業手順

　作業は以下のように行います．
- 再塗装をするケース，カバー，底板を中性洗剤を使用して汚れを落とす．
- 水気がとれるまで乾燥させる．できれば晴れた日の昼間に干して拭き取るとよい．
- 十分乾いたところで錆が出ている箇所があれば，サンドペーパーを使って落とす．場合によっては錆落としブラシを用いる．塗装の下が錆びている場合は，ブラシでこすって錆を落とさないと再塗装したあと，錆が浮いてくる．
- 塗装しない部分にマスキング・テープを貼る．
- 塗装は外で行う．地面が汚れないように新聞紙や風よけのため段ボールで囲んでもよい．
- 30cmくらい離れた位置からスプレーするが，風向きによっては自分に噴霧されてしまうので注意すること．

　厚塗りをしないことがコツです．1回の塗装作業で終わそうとせずに，数回に分けてこまめにスプレーしていきます．もし，液だれした場合は拭き取らず，厚塗りとならないように何回か分けてスプレーします．

　全体が再塗装の色になったら乾燥させ乾燥後，さらにスプレーします．この作業を4回ぐらい繰り返すと美しく仕上げることができます．

(de JR1TRX)

ミズホ通信編

01 ▶ 卓上タイプの50MHz SSB/CWトランシーバ
　　FX-6

02 ▶ 21MHz HFモノバンドSSB/CWハンディ機の名作
　　MX-21S

03 ▶ 7MHz QRP CWトランシーバ
　　名作QP-7の発展系 TRX-100

卓上タイプの50MHz SSB/CWトランシーバ
FX-6
JG1RVN 加藤 徹

　FX-6はピコのMXシリーズ誕生20周年を記念して少量生産された，ピコの卓上タイプです．一度だけハムフェアの会場で販売されました．FXシリーズはFX-6とFX-21が製作され，当時の定価は36,000円でした．

　送信部の基板はMX-6Sと同一ですので，JARDスプリアス確認保証対象リグです．MX-6SはJARDの登録番号MK10で新スプリアス保証認定を受けられます．VXOで50kHzをカバーし，VXO水晶を差し替えることで，50.00～50.45MHzをSSBとCWでカバーできます．

FXシリーズの特色

　以下のような特色を持つリグです．
- バーニア・ダイヤルの採用（**写真4-1-1**）．
- 大型S&RFメータ搭載（**写真4-1-2**）．
- クリスタルBchがパネルから挿せるレトロなスタイル．
- 外部電源は12～14Vで，本体には9Vのレギュレータを内蔵．
- 乾電池運用ができる単3型電池×6のホルダ内蔵
- QRPpスイッチ付．FX-6の場合は，3dBの送受信ATTとなっている．

- 送信機の回路構成はMX-6Sと同一．
- TSスイッチが追加され，押すとCWのキャリアが送出される（**写真4-1-3**）．
- 送信するとパネルのPLライトが赤く光る．
- スタンバイ・スイッチで連続送信が可能．
- メータ・ライト追加．背面スイッチでON．

　メータ・ライトの追加など，手を入れて楽しむ要素が残されているリグでした．また，背面のシールは手書きで（**写真4-1-4**），高田社長の直筆ではないかと思われるなど，手作り感満載のリグとなっています．

写真4-1-2 大型Sメータ，SENDスイッチが並ぶ前面パネル左側

写真4-1-1 バーニア・ダイヤルとQRPpモード搭載

写真4-1-3 CWモードではTSスイッチでキャリアが出る

アマチュア無線機メインテナンス・ブック3　ミズホ通信編

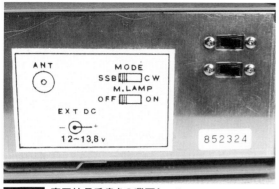

写真4-1-4　高田社長手書きの背面シール

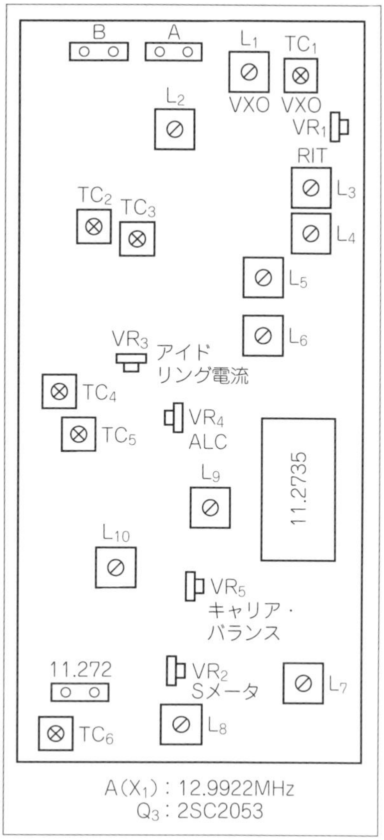

図4-1-1　FX-6のMK-1170基板

$A(X_1)$：12.9922MHz
Q_3：2SC2053

RITの調整はVR$_1$です．鳴き合わせするリグを用意しRITを中点にして，まず相手局を受信します．次にFX-6で送信し，ゼロインするようにVR$_1$で調整します．これを交互に繰り返してください．

受信調整

図4-1-1を参照してください．50.200～50.250MHzの水晶が実装されているとき，MK-1170基板での調整方法を記します．

SGを用意し，50.225MHzで－73dBmの信号を入力します．L$_6$，L$_7$，L$_8$のIFTのコアを回して受信感度を最大にします．次にSGを50.200MHzに合わせてL$_2$で感度最大に，さらに50.250MHzに合わせてL$_5$で感度最大にします．

Sメータの振れ出しはVR$_2$で0点を合わせます．

送信調整

図4-1-1を参照してください．ダミーロードをつなぎ，50.225MHzのCWモードで送信し，ファイナルの調整回路のTC$_2$，TC$_3$で最大出力にします．

VR$_4$はALC調整です．CWモードで送信し，出力を1Wに合わせてください．TC$_4$，TC$_5$，L$_9$，L$_{10}$はドライブ回路の調整です．ALC調整でパワーが回復すれば，調整の必要はありません．

周波数調整

他の調整されたトランシーバを用いてUSBで送信して，FX-6で受信するのが早いと思われます．VXOは，0表示で50.200MHzになるようにL$_1$で合わせます．

次にVXOを50表示で50.250MHzになるようにTC$_1$で合わせます．これを4～5回繰り返してください．BFOの周波数は11272kHzになるようにTC$_6$で合わせます．

QRPpモード

FX-6は送受信のQRPpモードを持っています．これは3dBのATTで構成され，送受信ともに入ります．受信時に3dBのATTが入りますが，ほとんど影響はありません．3dBのATTによりFX-6の出力は1Wから0.5Wに低減されます（写真4-1-5）．

FT-818NDの最低出力は1Wですので，同様に3dBのATTでQRPpに対応できます．汎用の3dBATTを図4-1-2に示します．抵抗は送信に使うた

写真4-1-5　QRPp用送受3dBのATTとVXO用のポリ・バリコン

FX-6　65

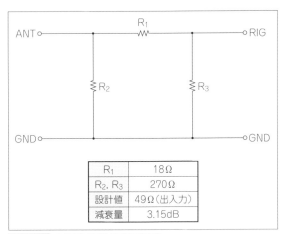

図4-1-2 3dB送受信ATTの回路

R_1	18Ω
R_2, R_3	270Ω
設計値	49Ω（出入力）
減衰量	3.15dB

め十分に余裕のある容量のものを使ってください．執筆時点では，5Wの大型金属皮膜抵抗は，東京・秋葉原の千石電商の通販で購入が可能です．

まとめ

電源は13.8V対応．内部で9Vに変換しています．電源プラグは2.1mmでセンタ・プラスです．必ず2A程度のヒューズを介してください．

FX-6は内部がゆったりしており，電池ケースを入れることもできます．CW-2Sセミブレークイン・

写真4-1-6 CW-2Sセミブレークイン基板や電池ケースが実装できる内部

ユニットは内部基板を移設することができ，底面には圧電ブザー，基板穴があり，後面には音量VRの穴が開いています（**写真4-1-6**）．

FX-6の基板は，MX-6Sと同一で基板や部品の流用が可能です（**写真4-1-7**）．

◆ 参考文献 ◆
- FX-6取扱説明書　ミズホ通信株式会社

写真4-1-7 FX-6の送受基板はMX-6Sと共通

アマチュア無線機メインテナンス・ブック3　ミズホ通信編

ミズホ通信 02

21MHz HFモノバンドSSB/CWハンディ機の名作
MX-21S

JG1RVN 加藤　徹

　MX-21Sは，21MHzのSSB/CW 出力2WのQRPトランシーバです．50kHz幅のVXOで水晶を差し替えることで21000～21450kHzをカバーします．

　ミズホの通称・ピコトラ・シリーズは，DSBトランシーバからCB用のIFフィルタを使い進化してきました．MX-21Sは1983年11月の発売です．筆者はちょうどこの時期1980年代にMX-21Sをグアムやサイパンへ持参して，BNC端子のホイップ・アンテナを自動車のボディーへアースして使い，日本と交信できました．また，MX-21Sと10Wリニア・アンプPL-21Sにモービル・ホイップで都内を走行中にアフリカと交信できました．ミニパワーで飛ばす楽しさを実感できるリグがピコトラです．

　写真4-2-1〜**写真4-2-4**にMX-21Sの特徴的な部分を紹介しておきます．

MX-21Sの調整

　21200～21250kHzの水晶が実装されているときのMK-1170基板での調整方法を記します．受信，送信，周波数の3項目の調整は**図4-2-1**を参照

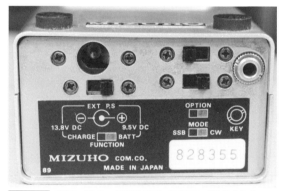
写真4-2-1　背面パネル．OPTIONにはATTが装備された

写真4-2-3　電池スペースは7本分．乾電池のときはダミー電池1本を使う

写真4-2-2　内部は手持ちを実現するために高密度実装

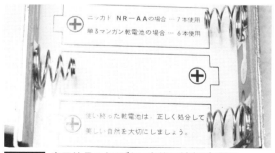
写真4-2-4　高田社長のさりげない自然に対する気配り

図4-2-1 MX-21Sの MK-1170基板の調整部分配置

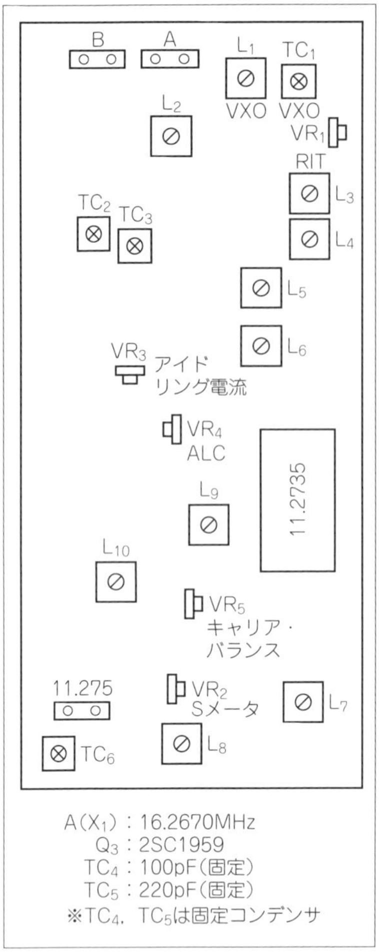

しながら進めてください．

● 受信調整

SGを用意し21225kHzで－73dBmの信号を入力します．L_6, L_7, L_8のIFTのコアを回して受信感度最大にします．次にSGを21200kHzに合わせて，L_2で感度最大にします．次に21250kHzに合わせて，L_5で感度最大にします．Sメータの振れ出しはVR_2で0点を合わせます．

● 送信調整

ダミーロードをつなぎ，21225kHzのCWモードで送信し，ファイナルの調整回路のTC_2，TC_3で出力最大にします．VR_4はALCでCWモードで送信し，出力2Wに合わせてください．L_9，L_{10}はドライブ回路の調整です．ALCでパワーが回復すれば，触る必要はありません．

● 周波数調整

他の調整されたトランシーバを用いてUSBで送信して，その信号をMX-21Sで受信するのが早いと思われます．VXOは0表示で21200kHzになるようL_1で合わせます．次にVXOを50表示で21250kHzになるようTC_1で合わせます．これを4～5回繰り返してください．

BFOの周波数は11275kHzになるようTC_6で合わせます．

RITの調整はVR_1です．鳴き合わせするリグを

A(X_1)：16.2670MHz
Q_3：2SC1959
TC_4：100pF（固定）
TC_5：220pF（固定）
※TC_4，TC_5は固定コンデンサ

写真4-2-5 PL-21S　10Wリニア・アンプ

用意してRITを中点にして，まず相手局を受信します．次にMX-21Sで送信し，ゼロインするようにVR_1で調整します．これを交互に繰り返してください．

PL-21Sリニア・アンプの調整

PL-21S(**写真4-2-5**)は10Wのリニア・アンプです．送受信はMX-21Sのアンテナ端子の重畳されるDC電圧で切り替えを行います．メインテナンスと調整は，**図4-2-2**と**写真4-2-6**を参照して進めてください．

まずファイナル部の7808のネジを緩めてシリコングリスの補充を行います．素子と放熱する基板がしっかり熱結合するようにシリコングリスを塗ってください．

外付けの電源コードのヒューズは経年劣化の可能性があるため，3Aのヒューズと交換してください．

アイドリング電流は，7808の左足と左側ランド結んでいるジャンパ線を外して，テスタ・リードのプラスを7808の左足に，外したジャンパ線の行先のランドにテスタ・リードのマイナスをつなぎます．

MX-21Sをリニア・アンプへつなぎ，SSBモードでダミーロードを付けて送信し，無信号時に120mAになるようにVR_1で調整し，ジャンパを戻します．

次にCWモードでKEYダウンして送信してキャリアを出します．TC_1～TC_5を順番に調整用の絶縁ドライバで回して最大出力に合わせます．

CW-2Sセミブレークイン・ユニット

このCWアダプタ CW-2S(**写真4-2-7**)はピコト

アマチュア無線機メインテナンス・ブック3　ミズホ通信編

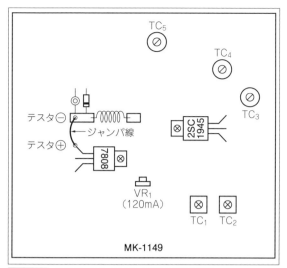

図4-2-2 リニア・アンプ PL-21Sの調整部分

写真4-2-6 リニア・アンプ内部

写真4-2-7 CW-2S セミ・ブレークイン・ユニット

写真4-2-8 VR_1でDelay調整．乾電池006Pには送信時のみ電流が流れる仕組み

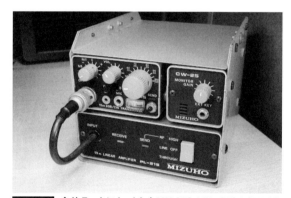

写真4-2-9 合体ラックにセットしたMX-21S+PL-21S+CW-2S

ラ・シリーズをCWセミブレークインで使用できるユニットです．**写真4-2-8**が内部の様子です．

　電源は006P型を使いますが，送信時以外は電流が流れないことから電源スイッチが付いていません．セミブレークインのディレイ・タイムは内部のVRで調整できます．モニタは圧電ブザーで，前面に音量VRが付いています．乾電池006Pの液漏れに注意してください．

まとめ

　写真4-2-9の合体ラックにセットしたMX-21S，PL-21S，CW-2Sはワンパックとなり，持ち運びに便利です．

　VXOは温度変化に弱いので，日なたや寒冷地など温度変化の大きなところでの運用は避けてく

ださい．

　合体ラックへの取り付けネジは，本体のネジより若干長い仕様です．このため，本体を合体ラックに止めるとき，ネジを混在させないように必ず目視で確認して，仕分けして作業してください．

◆ 参考文献 ◆

・MX-21S，PL21，CW2S取扱説明書　ミズホ通信

MX-21S　**69**

ミズホ通信 03

7MHz QRP CWトランシーバ
名作QP-7の発展系TRX-100

JG1RVN 加藤 徹

ミズホ通信のQP-7 7MHz 2W QRP送信機は，多くの皆さんが組み立てて実験されたと思います．

TRX-100は，QP-7の送信部にVXOやSメータや，RIT付きの受信部を加え，さらにはセミブレークインやモニタ回路を搭載し，本格的な7MHzのCW QRPトランシーバに仕上げたものです．CWで7MHzシングルバンドのトランシーバですから，前面パネル（**タイトル写真**），背面パネル（**写真4-3-1**）ともシンプルです．

発売当時の価格はTRX-100K（キット）が24,800円，完成品のTRX-100Dが29,800円とモノバンドQRP機としては，やや高価だったので，生産数が少なく希少品です．

TRX-100の構成

図4-3-1がTRX-100の全体の構成図です．QP-7では，水晶が送信周波数で常に発振しているため，受信機と組み合わせるときに難儀しますが，TRX-100ではVXOと455kHz離れた局発を混合して，うまく送受信の発振周波数を分けています．局発は，水晶発振が使われ，9000.7kHzと9455.0kHzを送受信で切り替えています．

受信部はシングルスーパーの中間周波数2段増幅，すなわち中2構成．1N60でAGCがかかっています．BFOはLC発振で453.5kHz．選択度は，いわゆるIFTのみの構成ですので，BCLラジオのBFO付きと考えれば大体近いイメージです．

いきなりCW専用機にせず，SSBが聞ける受信部というのは，ハムの入門者が楽しめるリグにしたいという高田社長のポリシーのようです．P-7DXもSSBフィルタが使われており，LSBが聞けます．選択度は

写真4-3-1 背面パネルも電源端子とアンテナ端子だけというシンプルなもの

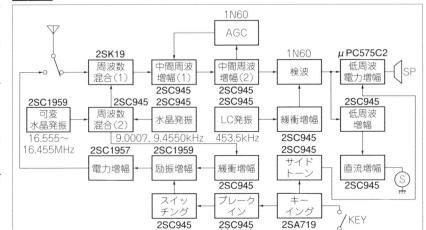

図4-3-1 TRX-100の回路構成

アマチュア無線機メインテナンス・ブック3　ミズホ通信編

写真4-3-2　送信部はQP-7をそのまま利用している

上下10kHz離調して30dBというところです．

送受信周波数は7.0～7.1MHzをカバーしていました．感度は1μV入力でS/N10dB以上．2WのQRP機としては実用レベルです．ATTは10kΩのVRで可変できます．

送信はQP-7の送信部そのものです（**写真4-3-2**）オリジナルは水晶発振ですが，VXOと局発を混合した信号を2SC945で緩衝増幅，2SC1959で励振増幅，電力増幅は2SC1957でした．

受信部の調整

写真4-3-3が受信部の基板です．調整箇所は**図4-3-2**を参考にしてください．

SGを7020kHz -73dBmにセットし，RX基板のL_2，L_3で最大感度に調整してください．

次にP_5とP_6（L_3とL_4の中間）に周波数カウンタをつなぎ，ダミーロードをつないで送信します．このとき，カウンタ表示が9455kHzになるようにCT_4トリマを調整します．9455kHzまで下がらない場合には並列に15pFをかませて合わせます．

次に，L_4とL_5のコアをコイルの縁から2～3mm

写真4-3-3　シングルスーパー方式の受信部．エア・バリコンが使われている

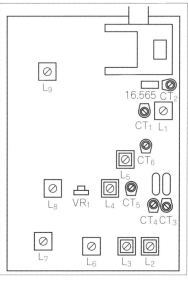

図4-3-2
受信基板の主な調整ポイント

くらい抜けたところまで左へ回します．この状態で受信して，9000.7kHzになるようにCT_3トリマを調整します．

次にP_5，P_6にRF電圧計をつなぎ，L_4，L_5のコアを回して電圧最大にします．

次に送信状態にしてCT_5とCT_6のトリマを回して最大にします．ダイヤルは4くらいにしておきます．

VXOの可変範囲調整は，ダイヤル目盛りが0のときに6995kHzになるようL_1を合わせます．次にダイヤル目盛りを10に合わせて，7102kHzくらいになるようCT_2を合わせます．これを4～5回繰り返してダイヤルを合わせます．

もしCWバンド専用機にする場合には，CT_2トリマに33pFの積層セラミック・コンデンサを並列に足します．バリコン・シャフトの下のC_{53}に22pF積層セラミック・コンデンサを並列に足します．ダイヤルを0にして，カウンタが6995kHzになるようにL_1を回します．次にダイヤルを10にして7035kHzになるようにCT_2トリマを回します．これを4～5回繰り返してダイヤルを合わせます．

RITはテスタの＋をPC_1（リレー基板）の2番端子につなぎ，RITを中央の0へ回して電圧を読みます（おおむね4V）．次にRITをOFFにして同じ電圧になるようVR_1を回します．

送信部の調整

送信基板は，QP-7の構成とほぼ同等です．調整箇所は**図4-3-3**を参照してください．

ダミーロードをつないでください．L_1コイルを上面から右回りで4回転くらい回して，コアを中へ沈めておきます．L_2も同様です．L_3のコアは2

～4mmくらい抜けるようにします．L_4もL_3同様にしておきます．

送信しながらL_1を回して，出力を最大にします．次にL_2～L_4のコアを回して，同様に出力最大を取ります．最後に，RX基板のCT_5，CT_6トリマを回して出力を最大にしてください．

付加回路について

TRX-100は送受信切り替え，セミブレークイン，サイドトーンの回路が入った基板がQP-7基板の裏側に組み込まれています（**写真4-3-4**）．
図4-3-4に定数変更の事例を書きましたので，設定変更の参考にしてください．

また，付加回路ではありませんが，TRX-100は単3乾電池ケースがケースに組み込める設計になっています．これにより，屋外でのお手軽な運用もできるトランシーバに仕上げられています．

LPFの製作

送信部に使われているQP-7のスプリアス規格は－40dB以下となっています．この値は旧規格ですので，これからの使用には，**図4-3-5**のよう

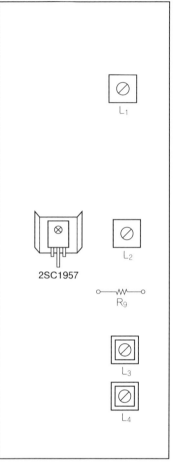

R9の値による出力可変

出力(W)	R_9(Ω)
2	22
1	56
0.5	82

図4-3-3 送信基板の主な調整ポイント

写真4-3-4 送受信の切り替えやセミブレークインなど付加回路が組み込まれた基板

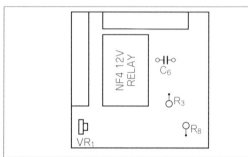

ポイント	定数	標準	変更の例
RFメータ	C_6	6pF	3pF(振れ小) 10pF(振れ大)
Sメータ	R_3	150Ω	100Ω(振れ小) 220Ω(振れ大)
セミブレークイン	R_8	10kΩ	4.7kΩ(時定数＝短) 22kΩ(時定数＝長)

※セミ・ブレークインの時定数は，C_4の10μFを22μFに変えると長くなる

図4-3-4 送受信切り替え，セミブレークインなど付加回路が納められたMK-1125基板

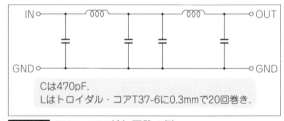

Cは470pF．
LはトロイダルコアT37-6に0.3mmで20回巻き．

図4-3-5 7MHz LPF付加回路の例
新スプリアス基準で確認保証認定を受けるときに必要

な外付けのLPFを製作，追加して送信機系統図を書き，新スプリアス基準でのJARD確認認定を受けてください．

◆ 参考文献 ◆
・TRX-100取扱説明書　ミズホ通信

海外機編

01 ▶ コリンズ　　　51S-1のメインテナンス

02 ▶ ハマーランド　SP-600JX17のメインテナンス

コリンズ 51S-1のメインテナンス

JA2AGP 矢澤 豊次郎

1 はじめに

皆さんよくご存じの51S-1は多くの書籍により紹介されていますが，今回のメインテナンスは，「自分が使っている製品の現在の程度を知りたい」，「ネットオークションで入手して電源は入るがどの程度の状態かを知りたい」などのときに，どんな確認をしてどんなメインテナンスをしたらよいかを判断していただく資料として作成しました．

ネットオークションなどで入手した機器を開梱したらはやる気持ちを抑えつつ，まずは現状確認から始めます．

2 受信機の構成概要

その前に，改めて機器構成の概要をご確認いただいた上で，メインテナンス作業に入りたいと思います．

(1) 受信機の構成

受信機の構成は，入力高周波信号を受信周波数帯により3つの混合段を切り替えて，3～2MHzの可変中間周波増幅段と500kHzの固定中間周波増幅段，検波段・低周波増幅段からなるステージへ接続されています．

受信周波数帯による混合段のステージ構成は次のようになっています．

- 7～30MHzはダブルコンバージョン…(7～30MHz input→3～2MHz→500kHz)
- 2～7MHzはトリプル・コンバージョン…(2～7MHz input→14.5～15.5MHz→3～2MHz→500kHz)
- 02～2MHzはLFミキサ追加…(0.2～2MHz input→28.2～30MHz→3～2MHz→500kHz)

となっています．詳しくは**図5-1-1**受信機構成図をご参照ください．

(2) PTO

PTOは，シャフト1回転100kHzで10回転により3.5～2.5MHzを発振しています．このシャフトはメイン・ダイヤル機構により1/4に減速されて，つまみ1回転当たり25kHz発振周波数が変化します．

(3) XtalOsc

XtalOscは，28MHz，Multi，17.5MHzの3ユニットがあり，受信信号を最終的に3～2MHzステージ内に落とし込むために，バンド・スイッチの切り替えにより受信周波数帯域の1MHzごとに水晶片の接続を切り替えています．

(4) RFステージ同調回路

ANT段およびRF増幅段で合計3つの同調回路により構成されています．受信周波数帯域の切り替えはバンド・スイッチにより1MHzごとに，補正コイルを切り

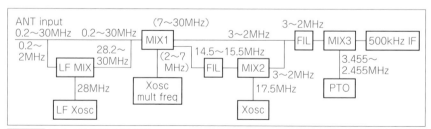

図5-1-1 51S-1受信機の構成図

表5-1-1 PTOリニアリティの事前測定結果

DIAL (KC)	000	100	200	300	400	500	600	700	800	900	+000
偏差(kHz)前	−4.0	−4.0	−4.2	−4.5	−4.8	−5.0	−5.1	−5.2	−5.3	−5.8	−6.4

表5-1-2 Multi Frequency Xtal Osc発振周波数ずれの事前測定結果

DIAL (MC)	00	01	02	03	04	05	06	07	08	09
偏差(kHz)前	−2.0	−1.8	+2.5	+2.5	+2.2	+2.0	+1.5	0	+0.1	0
DIAL (MC)	10	11	12	13	14	15	16	17	18	19
偏差(kHz)前	−2.0	−1.8	+2.5	+2.5	+2.2	+2.0	+1.5	0	+0.1	0
DIAL (MC)	20	21	22	23	24	25	26	27	28	29
偏差(kHz)前	−2.0	−1.8	+2.5	+2.5	+2.2	+2.0	+1.5	0	+0.1	0

替えています.

これらのことから,受信機不調の場合のトラブルシューティング時には,この3つのコンバージョン・ブロックごとのデータの傾向から不調カ所の判断をしていきます.

3 現状確認

(1) 外観点検
① 埃,汚れ,錆など.
② 改造の有無,コネクタ部分の錆.
③ つまみの有無とボリューム,スイッチの回転.
④ シールド・ケースの有無.
⑤ 真空管の有無と品番の合致.
⑥ ネジのゆるみ.

これ以外,下記の2点に留意してください.
- 低周波出力管6BF5を抜き取って,ソケットが炭化していないことを確認.
- 入手した受信機の全体についての目視点検や,受信機特性の事前確認結果は,メインテナンス後のトラブル・シューティングに重要なデータとなるので,確実に測定記録しておく.

(2) パネル面操作で確認
パネル面からダイヤル・ノブ,スイッチの切り替えなどを操作してみることで,機械的メインテナンスが必要なポイントを大まかに把握することができます.
① メイン・ダイヤルの回転を確認すると,スムーズでない,回転音が大きい.
② バンド切り替え,帯域切り替えをすると,雑音が発生する.
③ ボリュームを回すと雑音がでる.
④ 何かの振動で雑音が出たり,感度が変わったりする.

(3) 100kHzキャリブレータ(CAL)周波数の確認
受信機内蔵のキャリブレータにより日常的に簡易チェックができますが,この発振器の周波数を正確に校正しておく必要があります.
① SGからの10MHzを受信しゼロビートをとる.
② 次に電源スイッチをCAL位置にしてCAL信号を受信し,C227を調整してゼロビートをとる.

(4) PTO直線性の確認
メイン・ダイヤルを回転して,100kHzごとのCAL信号のゼロビートのポイントと,メイン・ダイヤル円盤のKC表示との偏差を測定して,PTOのリニアリティを確認します(**表5-1-1**参照).

表5-1-1の測定結果から発振周波数が5kHzマイナス方向にずれているのがわかります.500kHzを基準として000にて+1kHz,+000にて−1.4kHzと規格(±0.75kHz)より外れているためメインテナンスが必要です.

(5) Multi Frequency Xtal Osc発振周波数の確認
KCダイヤルを500として,MCダイヤルを00〜29MHzまで回したとき,ダイヤル表示とゼロビートポイントのずれを測定します(**表5-1-2**参照).

表5-1-2の測定結果から,00〜01MHzおよび02〜06MHzの局部発振周波数がずれていること,また,07〜29MHzの発振周波数がMHzごとにずれていることに注目して,メインテナンスが必要なことが分かります.

(6) 3〜2MC可変IFパスバンドの確認
3〜2MHz可変IFの伝送特性を測定して通過帯域内の利得がほぼ一定であることを確認します

表5-1-3 3～2MC可変IF帯域内通過特性の事前測定結果

DIAL(KC)	000	100	200	300	400	500	600	700	800	900	+000
RF(dB)前	27	27	30	30	30	32	32	34	34	35	35

表5-1-4 CAL信号のRFメータ指示値の事前測定結果

DIAL(MC)	00	01	02	03	04	05	06	07	08	09
RF(dB)前	80	78	72	72	72	60	40	43	10	10
DIAL(MC)	10	11	12	13	14	15	16	17	18	19
RF(dB)前	09	33	35	33	09	34	38	38	36	19
DIAL(MC)	20	21	22	23	24	25	26	27	28	29
RF(dB)前	02	02	02	18	03	22	18	20	17	22

表5-1-5 各バンドRF入力感度の事前測定結果

DIAL(MC)	00	01	02	03	04	05	06	07	08	09
SG μV前	5	8	8	3.5	5	6	10	14	10	14
DIAL(MC)	10	11	12	13	14	15	16	17	18	19
SG μV前	15	10	15	15	15	15	10	10	10	15
DIAL(MC)	20	21	22	23	24	25	26	27	28	29
SG μV前	15	15	25	15	28	10	15	10	10	10

(**表5-1-3**参照).

① MCダイヤルを8MCの位置，KCダイヤルを000の位置にセットする．
② SG出力を8.0MHz，出力を500μV，10dB ATTを経由して受信機ANTに接続する．
③ KCダイヤルを000・100・・・900・000，同時にSG出力を8.0・8.1・・・8.9・9.0とする．
④ このときのRFメータ指示値を記録し，3～2MC可変IFの帯域内の通過特性を確認する．

表5-1-3の測定結果から，通過帯域内の利得が一定ではありません．000にて27dB，+000にて35dBと規格(3dB以内)より外れているためメインテナンスが必要となります．

(7) CAL信号レベルの確認

CAL信号のレベルを確認して，真空管の劣化確認，RF部同調調整，受信機の概略動作状況を把握します．

- KCダイヤルを500位置にしてCAL信号を受信し，MCダイヤルを00～29MCまで回したとき，CAL信号のRFメータ指示値をdB測定(**表5-1-4**参照)．

表5-1-4の結果から，00～01，02～06，07～29の各ステージでRFメータ指示値にバラツキが大きいためメインテナンスが必要となります．

(8) RF入力感度の測定

RF入力感度測定により各バンドで感度差を確認し，チューニングずれや劣化を把握します(**表5-1-5**参照).

① 00～29MCの各バンドの500KC位置にて，SGからの信号を10dB ATTを経由して受信．
② SG出力を調整して受信機のAGCが動作を開始するポイントをRFメータ指示値から求める．
③ このときのSG出力から，ANT入力レベルを換算して測定．調整前00～29MCにてAGC開始時(RFメータ=10dB)のSG出力をμV表示．

表5-1-5の結果から，全帯域において規格(2μV)より外れているためメインテナンスが必要です．

SGと受信機のANT入力端子との接続は，必ずマッチング回路または10dB程度のATTを経由させて，インピーダンスの整合を確実に行ってから測定および調整を行ってください．特に51S-1や75Sシリーズは，パネル面から調整できるANTトリマが付いていないため，マッチング不良による感度低下のような現象がありますので，注意が必要です．

4 機構部分のメインテナンス

4-1 ダイヤル機構のメインテナンス

事前確認試験時に，メイン・ダイヤルの回転を確認するとスムースでない，ダイヤル音が大きいなどの場合は，機構部分をメインテナンスする必

アマチュア無線機メインテナンス・ブック3　海外機編

写真5-1-1 受信機上側のケース止めネジを外す

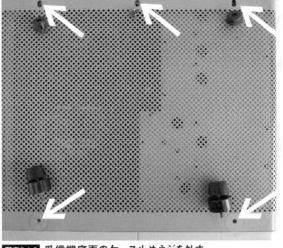

写真5-1-2 受信機底面のケース止めネジを外す

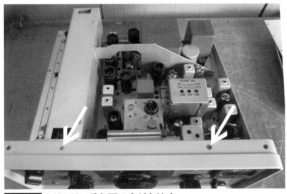

写真5-1-3 トリムリング上面のネジを外す

写真5-1-4 つまみ3個を外す

写真5-1-5 つまみを取り外したところ

写真5-1-6 エスカッションの止めネジを外す

要があります．

(1) 受信機ケースを外す

① 受信機上側のトリムリング外側左右についている止めネジ(皿ネジ)2本を外す(**写真5-1-1**)．

② 受信機底面のケース止めネジとゴム足止めネジ合計5本を外す(**写真5-1-2**)．

(2) トリムリングを外す

① トリムリング止め皿ネジ2本を外す．取り外し後トリムリングを抜き取る(**写真5-1-3**)．

(3) つまみを外す

① 前面パネルのメイン・ダイヤルとMEGACYCLES，EMISSION，ZERO SETのつまみ(3個)を外す(**写真5-1-4**，**写真5-1-5**)．

(4) エスカッションを外す

① EMISSIONスイッチのシャフト止めネジを外す(**写真5-1-6**)．

② メイン・ダイヤルのブレーキ止め皿ネジ1本，

写真5-1-7 取り外したパネル面装備品

写真5-1-9 パネル側面の取り付けネジを外す

写真5-1-8 底面のネジ2本を外す

写真5-1-10 ダイヤル照明ランプカバー止めネジを外す

　メイン・ノブ下側ネジ2本，エスカッション止めネジ2本，エスカッション・アクリル止めネジ2本を外す(**写真5-1-6**，**写真5-1-7**)．

(5) パネル止めネジを外す(6ヵ所)

① 前から見て，左下アームの取り付け皿ネジを外す(**写真5-1-8 上側矢印**)．

② パネルとシャーシをスタンドオフにて接続してある止めネジを1本外す(**写真5-1-8 下側矢印**)．

③ 左右のパネルサイド取り付け皿ネジ各2本を外す(**写真5-1-9**)．

アマチュア無線機メインテナンス・ブック3　海外機編

写真5-1-11　パネルを前に倒す

写真5-1-12　小瓶に取り出したグリスとオイルおよび塗布用細筆

写真5-1-13　メインテナンスに使用した潤滑剤
モリブデン入りグリス・スプレーとオイル・スプレー

写真5-1-14　バンド切り替え機構部

写真5-1-15　ダイヤル減速部とカウンタ部

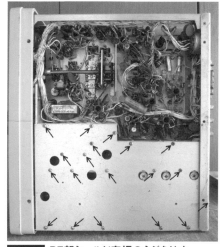

写真5-1-16　RF部シールド底板のネジを外す

(6) ランプカバーを外す
① パネル上面に付いているランプカバー取り付けネジ2本を外す（写真5-1-10）．

(7) パネルを前に倒す
① パネルを静かに前面に倒す（写真5-1-11）．

(8) 露出したギヤ・チェーン・カウンタ・ダイヤルをグリスアップする
① 準備工程として，スプレー・グリスとスプレー・オイル（写真5-1-12）は小瓶（ジャムのサンプル瓶）などの容器へ吹き込んで，スプレーのガスを抜いた状態にしておく（写真5-1-13）．
② グリスおよびオイルの塗布は，細筆を使用して作業する．
③ ダイヤル部および各スイッチのシャフト回転部分にモリブデン入りオイルを細筆にて少量注油する（写真5-1-14）．
④ バンド切り替えシャフトとダイヤル部を接続しているチェーン部に少量のグリスを細筆にて塗布する（写真5-1-14）．
⑤ カウンタ・ダイヤルの回転部のシャフト部分をグリスアップする．このとき数字面にグリスがはみ出さないように注意する．また，はみ出した場合は布で拭いとる（写真5-1-15）．
⑥ ダイヤルの減速ギヤ部は少量のグリスを塗布する．この部分のグリスは容器の上澄み部分を使って塗布する（写真5-1-15）．

4-2　バンド切り替えターレットのメインテナンス
　事前確認時に，バンド切り替えにより雑音が発生したため，ターレットの接点部分をクリーニ

写真5-1-17 RF部シールド底板を外した状態

写真5-1-20 ターレット・シャフトを慎重に抜く

写真5-1-18 ギヤとシャフトをクランプしている部分にマーキングする

写真5-1-19 全てのウエーハーの縁に一直線にマーキングをする．またシールド板にもマーキングしておく

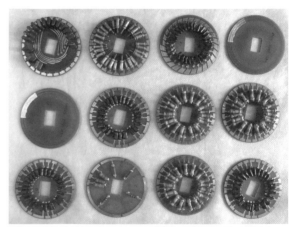

写真5-1-21 取り外したウエーハー．前側から順番に並べて置く

グする必要があります．

(1) RF部シールド底板を外す

① RF部シールド底板を外す（**写真5-1-16**，**写真5-1-17**）．

② MCダイヤルを回して，ギヤ・クランプのロックネジを緩めやすいクリック・ストップ位置で止める．

③ 再組立てを容易とするため，ギヤ，ギヤ・クランプ，シャフト，シャーシ背面軸受けにマーキングする（**写真5-1-18**）．

④ ウエーハーの円周縁とシールド板にマーキングする（**写真5-1-19**）．

(2) ターレット・シャフトを外す

　最初に各ウエーハーの配列順序と前面背面を識別し，写真撮影をしておきます．

アマチュア無線機メインテナンス・ブック3　海外機編

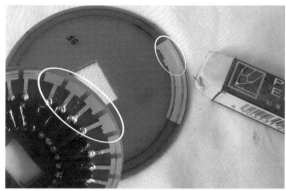

写真5-1-22 磨いた部分と磨かない部分の比較

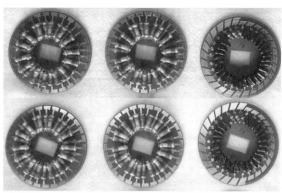

写真5-1-23 クリーニング前（上段），クリーニング後（下段）

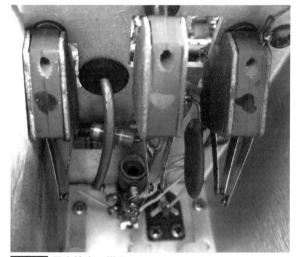

写真5-1-24 固定接点の様子

写真5-1-25 くさび形に切り出したプラスチック消しゴム

写真5-1-26 固定接点を磨く

① クランプを緩めて，ターレット・シャフトを抜き取る（**写真5-1-20**）．
② 固定接点を傷めないように，慎重にウエーハーを抜き取る．
③ 白布の上に前側から順番に並べて置く（**写真5-1-21**）．

(3) ウエーハー接点をクリーニングする

　クリーニングする前に，ウエーハー接点の黒い汚れ線が接点のほぼ中央にあることを確認します．この汚れ線がウエーハー接点の中心を横切っていれば固定接点の接触位置は正規です．
　もしウエーハー接点の縁を横切っているのであれば，固定接点の接触位置の調整が必要です．

① プラスチック消しゴムを使って，ウエーハーの酸化被膜が付いた金メッキ接点両面を磨く（**写真5-1-22**）．
② シンナーに浸したウエスで金メッキ接点を拭いて仕上げる（**写真5-1-23**）．

(4) 固定接点をクリーニングする

　最初にシンナーを浸したウエスで固定接点の汚れを除去しておきます．**写真5-1-24**が固定接点の様子です．

51S-1　81

写真5-1-27 シンナーで拭いて仕上げる

写真5-1-28 ウエーハー・マウント・スロットの様子

写真5-1-29 ネジが見えて固定接点がせり出している

写真5-1-30 固定接点を調整した状態

① その後プラスチック消しゴムをくさび形に切り出して(**写真5-1-25**),固定接点に挟んで10回ほど前後に動かす(**写真5-1-26**).
② シンナーに浸したウエスの間に厚紙を挟み,金メッキ接点の間に挟み込んで接点を拭いて仕上げる(**写真5-1-27**).

(5) RFターレットを組み立てる

ウエーハーを前から順番に並べ,前面背面を写真で確認し,マーキング位置をそろえておきます.

① ウエーハーをターレット・スロットに収める.このとき円周縁のマーキングを一直線に並ぶようウエーハーを回してそろえて,固定接点にウエーハーを注意深く挟み込む(**写真5-1-28**).
② このとき,ターレット円盤のマーキング位置とシールド板のマーキング位置が一直線になることの確認と,円盤の表裏の確認を行う.
③ シャーシ背面からターレット・シャフトを挿入する.このときあらかじめターレット・シャフトにマーキングした位置を合わせて,ウエーハーを1枚ごとに貫通させながら挿入する.
④ 前面パネルのギヤのマーキング・ポイントを合わせてクランプを締め付ける.

(6) 円盤接触点を確認

① 固定側接点とターレット円盤の接触片との接触位置がほぼ中央位置となっていることを確認する(**写真5-1-29**,**写真5-1-30**).
② ターレット円盤の接触片との接触が偏っている場合には,固定接点を保持している「青色モールド」の位置調整ネジを回して,接触片の中央で固定接点と接触するように調整する(**写真5-1-31**,**写真5-1-32**).

5 電気部分のメインテナンス

最初に電気部分のメインテナンスを行うときに必要な測定器と工具を準備します.

● 測定器

・SG(デジタル系のもの)

アマチュア無線機メインテナンス・ブック3　海外機編

写真5-1-31 調整前

写真5-1-32 調整後

写真5-1-33 用意する工具のうちの特殊なもの　先端拡大

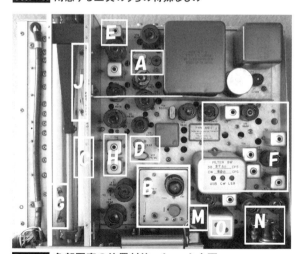

写真5-1-34 各部写真の位置対比　シャーシ上面

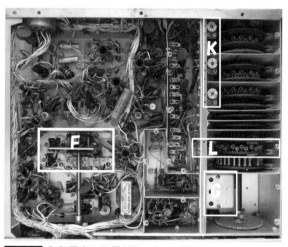

写真5-1-35 各部写真の位置対比　シャーシ下面

- シンクロスコープ（プローブ付き）
- 周波数カウンタ（8桁以上のもの）
- テスタ（バルボルなどの高内部抵抗のもの）
- 100V/117V昇圧トランス
- 4Ωスピーカ

● 特殊な工具（写真5-1-33）
- 調整用マイナス・ドライバ
- 調整用六角ドライバ
- RF部ダストコア調整用ドライバ（編棒加工品）
  その他一般工具．

51S-1　83

写真5-1-36 CAL ZERO調整C227位置

写真5-1-37 PTO調整L502/C503位置

写真5-1-38 出力回路T9，T10の位置

電気部のメインテナンスに入りますが，以下の各項目の位置対比を**写真5-1-34**と**写真5-1-35**に示しますので参照しながら読み進めてください．

(1) 100kHz キャリブレータ発振周波数の調整

100kHzキャリブレータは，ダイヤル指示の100kHzごとの校正，PTOの周波数変化範囲の確認，各バンドの水晶発振周波数の確認，受信機の利得変化の概略把握などに使用されます．このためキャリブレータの発振周波数は常に精度を保つ必要があります．

① SGの10MHzを本機で受信する．
② 本機パネルのスイッチをCAL位置，EMISSIONスイッチをUSBにしてSGの10MHzを受信し，C227（**写真5-1-36**）を調整してゼロビートをとる．

(2) PTO直線性の調整

PTOシャフト10回転で2.5～3.5MHzの発振周波数をカバーするようにL502/C503（**写真5-1-37**）を調整します．2.5MHz～3.5MHz範囲内における直線性は，PTO内部の機構によって補正しています．

① ダイヤル表示0～1000間で±0.750kHz以内であること．調整はL502/C503で行う．
② 周波数カウンタをV4の7番ピン（3rdMIX-K）へ接続する．
③ ダイヤル表示1000位置/カウンタ表示2.500MCになるようC503で調整する．
④ ダイヤル表示0位置/カウンタ表示3.500MCになるようL502で調整する．
⑤ ③④項をくり返して，±0.750kHz以内になるまで調整を行う．

(3) Multi Frequency Xtal Osc出力回路の調整

Multi Frequency Xtal Oscの発振出力周波数8.5～32MHzを出力する回路はパスバンドにより構成され，T9/T10/C246を調整してパスバンド特性を確保します．

① シンクロスコープにプローブを使用してV2の8番ピン（1stMIX-K）へ接続する．
② MCダイヤルを5.5MC bandにセットする．
③ T9の下側スラグを調整してシンクロスコープ指示値を最大にする（**写真5-1-38**）．
④ MCダイヤルを14.5MC bandにセットする．
⑤ T10の上スラグを調整してシンクロスコープ指示値を最大にする．
⑥ MCダイヤルを29.5MC bandにセットする．
⑦ トリマC246を調整してシンクロスコープ指示値を最大にする．
⑧ ②～⑦を繰り返し調整する．

(4) 17.5MHzオシレータの発振周波数の調整

17.5MHzオシレータは，受信周波数2～7MHzを1MHz幅ごとに14.5～15.5MHzに変換した信号を，

アマチュア無線機メインテナンス・ブック3　海外機編

写真5-1-39　17.5MHz出力調整位置

写真5-1-40　17.5MHz発振周波数調整位置

写真5-1-41　28MHz出力回路調整位置

写真5-1-42　28MHz発振周波数調整用トリマC2の位置

3〜2MHzに変換するための局部発振器です．このためこの発振周波数のずれが2〜7MHzの帯域全てに影響してしまいます．

① シンクロスコープにプローブでV3の8番ピン(1stMIX-K)へ接続する．
② MCダイヤルを4.5MC bandにセットする．
③ T_{11}を調整してシンクロスコープ指示値を1.5Vにする(写真5-1-39)．
④ SG出力周波数を正確な17.5MHzにして，V3のシールドケースに接続する．
⑤ C233を調整してゼロビートをとる(写真5-1-40)．

(5) 28MHz Xtal Osc発振周波数の調整

28MHzオシレータは，受信周波数0.2〜2MHzを1MHz幅ごとに28.2〜30MHzに変換するための局部発振器です．このためこの発振周波数のずれが0.2〜2MHzの帯域全てに影響してしまいます．

① MCダイヤルを1.0MC bandにセットする．
② シンクロスコープにプローブでV10の8番ピン(LFMIX-K)へ接続する．
③ T16のスラグを調整してシンクロスコープ指示値を最大にする(写真5-1-41)．
④ 周波数カウンタをV10の8番ピン(LFMIX-K)へ接続する．
⑤ トリマC2を調整して28.000MHzに調整する(写真5-1-42)．

(6) 500kHz IF部パスバンドの調整

500kHz中間周波増幅段は，受信機利得と通過帯域幅を確保するため，中間周波トランスの同調およびメカニカル・フィルタの入出力回路の容量補正などを調整します．

① ターレット・シールド板を外す．
② SG出力をV4の2番ピン(3rdMIX-G1)へ接続する．
③ EMISSION→LSB／メータ・スイッチ→RFとする．

51S-1

写真5-1-43 500kHz IFステージとFILTER部

写真5-1-44 500kHz FILTERシャーシ内部

写真5-1-45 トリマC113(1)，C117(2)，C120(3)

写真5-1-46 スラグ・コアL102〜L104

④ SG出力周波数を500kHzにして，受信機でゼロビートをとる．

⑤ EMISSIONをAMにして，RFメータが20dB以下になるようにSG出力を調整する．

⑥ T14，T15，T1，T2，T7をメータ指示値が最大になるよう調整する．

⑦ SGに内部変調を掛けて，T3を調整しオーディオ出力が最大となるようにする．

⑧ 0.01μFと10kΩを直列に接続したものを，T2の1次側に並列に接続した上で，T2の2次側(TOP SLUG)をオーディオ出力最大に調整する．

⑨ T2の1次側のシャントを外して，2次側に並列に接続した上で，T2の1次側(BOTTOM SLUG)をオーディオ出力最大に調整する．

⑩ 再度⑧⑨をくり返し調整する．

⑪ T14，T15についてもT2と同じ操作でチューニングする．

⑫ EMISSION→USB／メータ・スイッチ→+10dBにしてC257とC260を調整し，メータ指示値が最大となるようにする(**写真5-1-43**，**写真5-1-44**)．

⑬ EMISSION→LSB／メータ・スイッチ→+10dBにしてC258とC261を調整し，メータ指示値が最大となるようにする．

⑭ EMISSION→CW／メータ・スイッチ→+10dBにしてC256とC259を調整し，メータ指示値が最大となるようにする．

(7) 3〜2MC可変IFパスバンドの調整

3〜2MC可変IF段は，RF同調回路と同期して，同調点を3〜2MHzで移動するため，この帯域内で利得がフラットになることが重要です．このために

アマチュア無線機メインテナンス・ブック3　海外機編

L102～L104およびC113, C117, C120を調整します．
① MCダイヤル→4MC，メータ・スイッチ→RF，EMISSION→AMにセットする．
② SG出力をV3の9番ピン(2ndMIX-G1)へ接続する．
③ 受信周波数を4.9MHzにする
④ SG出力周波数を2.1MHzとする．
⑤ C113, C117, C120を容量50%位置とする(**写真5-1-45**)．
⑥ L102, L103, L104をRFメータ最大に調整する．このときRFメータの値が20dBを超えないように，SG出力を調整する(**写真5-1-46**)．
⑦ 受信周波数を4.1MCにして，SG出力周波数を2.9MHzとする．
⑧ C113, C117, C120をRFメータ最大に調整する．このときRFメータの値が20dBを超えないように，SG出力を調整する．
⑨ ③～⑨項をくり返す．

(8) 14.5～15.5MHzバンドパスの調整

14.5～15.5MHzバンドパス回路は，受信周波数2～7MHzを1MHz幅ごとに14.5～15.5MHzに変換した信号を通過させるため，帯域内をほぼ平坦に保つ必要があります．調整はT12, T13で行います．
① SG出力をV2の9番ピン(1stMIX-G1)へ接続する．
② SG出力周波数を15MHzとする．
③ EMISSIONをAMにして，受信周波数表示を4.5MCにする
④ 0.01μFと10kΩを直列に接続したものを，T12, T13の1次側に並列に接続した上で，T12, T13の2次側(TOP SLUG)をRFメータ指示値が最大となるようにする．このときSG出力をメータ指示値が20dB以下になるように調整する(**写真5-1-47**)．
⑤ T12, T13の1次側のシャントを外して，それぞれの2次側に並列に接続した状態で，T12, T13の2次側(BOTTOM SLUG)をRFメータ指示値が最大となるように調整する．

(9) RF入力感度測定

受信機の入力感度が所定の性能を維持しているかを確認します．このときSGと受信機との接続によるインピーダンス整合を図るため，10dB程

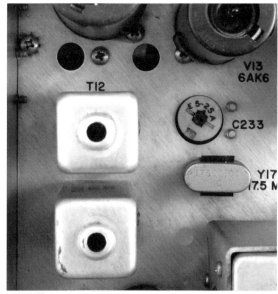

写真5-1-47 14.5～15.5MCバンドパス用T12, T13(下側)

度のアッテネータを経由させて測定することが重要です．
① 試験前に15分ウォームアップする．
② 51S-1のANT端子にSGを接続する．
③ テスタをACレンジでLINE OUT J102の2番4番を600Ωで終端して測定する．
④ SG出力30MHzで1kHz 50%のAM変調信号とする．
⑤ EMISSIONをAM．受信周波数を30MHz．RF GAIN/AF GAINをMAX．
⑥ SG出力は受信機が飽和しないレベルとする．
⑦ SG出力をゼロとしてノイズレベルをテスタ(VU値)で測定する．
⑧ SG出力を増加させテスタのVU値がノイズレベルより10dB高い値まで調整する．
⑨ SG出力の値を読み取る．このときの値は3μV以下であること．
⑩ 同じ測定を0.5MHzで行い，このときの値は15μV以下であること．
⑪ 同じ測定を0.2MHzで行い，このときの値は20.2μV以下であること．

(10) RF部スラグとターレット・コイルの調整

RF部の調整カ所は，メイン・チューニング・コイル(L32, L68, L72)，メイン・チューニング・

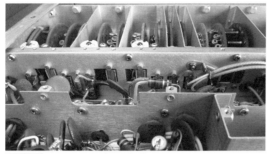
写真5-1-48 RFコイルなどの調整穴とC40, C71, C74

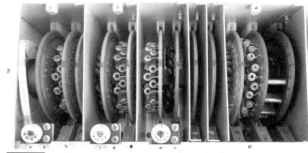
写真5-1-49 RF部ターレットのウエーハー（右側前面）

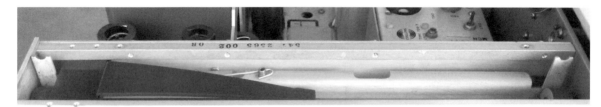

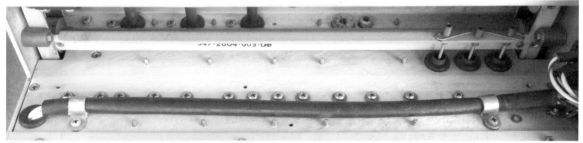
写真5-1-50 RF メイン・チューニング・スラグのL32, L68, L72位置

トリマ（C40, C71, C74），バンドごとの同調補正コイルから構成されています（**写真5-1-48**）．

最初にメイン・チューニング・コイルとメイン・トリマを調整し，その後ウエーハーに取り付けられているバンドごとの同調補正コイルを調整します（**写真5-1-49**）．

RF部のANTcoil，RF1coil，RF2coil（ダスト・コア）とXtal Freq ADJ（ピストン・トリマ）の調整は，RF部のシールド板を取り付けた状態で，RF部横の四角穴から調整用ドライバにより行います．ただし最初はシールド板を外した状態で調整用ドライバの先端を確認しながら荒調整を行い，その後シールド板を取り付けた状態にして仕上げ調整を行います．

① ターレット・シールド板を外す．
② EMISSION→AM，メータ・スイッチ→RF，受信周波数→29.000MCにセットする．
③ メイン・チューニング・スラグL32, L68, L72を全挿入位置から5/16インチ上がった位置にセット（**写真5-1-50**）．
④ メイン・トリマC40, C71, C74を容量50%位置とする．
⑤ 51S-1のANT端子にSGを接続する（1kHz/50% MOD）．
⑥ テスタのACレンジでLINE OUT J102の2番4番を600Ωで終端して測定する．
⑦ SG出力レベルは，AGC動作開始レベル以下に設定して，RFメータ指示値はゼロ状態にて調整を行う．
⑧ シールド横のターレット・スロットにチューニング工具を差し入れて，ターレットにマウントされているスラグA2, A5, A6と，ターレットにマウントされているコンデンサA9をテスタの振れが最大となるように調整する．

表5-1-6 各バンドRF入力感度の事前測定結果

BAND (MHz)	周波数 (MHz)	BAND (MHz)	周波数 (MHz)	BAND (MHz)	周波数 (MHz)	BAND (MHz)	周波数 (MHz)	BAND (MHz)	周波数 (MHz)
—	—	7〜8	10	13〜14	16	19〜20	22	25〜26	28
2〜3	12.5	8〜9	11	14〜15	17	20〜21	23	26〜27	29
3〜4	11.5	9〜10	12	15〜16	18	21〜22	24	27〜28	30
4〜5	10.5	10〜11	13	16〜17	19	22〜23	25	28〜29	31
5〜6	9.5	11〜12	14	17〜18	20	23〜24	26	29〜30	32
6〜7	8.5	12〜13	15	18〜19	21	24〜25	27	—	—

⑨ SG出力周波数を29.9MCにして，メイン・トリマC40, C71, C74を調整して，テスタの振れが最大となるように調整する．
⑩ SG出力周波数を29MHzにして，前項と同様な調整を行う．
⑪ MCダイヤルを2.0〜3.0MC bandに，KCダイヤルを2.0MCにする．
⑫ SG出力周波数を2.0MHzにして2.0MCターレット・コイルを調整して，テスタの振れが最大になるようにする．
⑬ MCダイヤルを2.0〜3.0MC bandにしてKCダイヤルを2.9MCにする．
⑭ SG出力周波数を2.9MHzにして，L33, L69, L73を調整してテスタの値が最大になるようにする．
⑮ ⑪〜⑭を繰り返す．
⑯ MCダイヤルを3〜4MC bandに，KCダイヤルを00に，SGを3.0MHzにして，30.MCターレット・コイルを調整してテスタの振れを最大にする．
⑰ ⑯項の調整を各バンド行い，29MCまで続けて調整します．

(11) Multi Frequency Xtal Osc発振周波数の調整

Multi Frequency Xtal Oscの発振周波数が表5-1-6に示す周波数になるようターレットに装着してあるトリマ・コンデンサにより調整します．
① RF部シールド底板を外す．
② 周波数カウンタをV2の8番ピン（1stMIX-K）へ接続する．
③ 電源を入れて，MCダイヤルを2MCとする．
④ 周波数カウンタの周波数を確認する．
⑤ ターレット・ウエーハーに装着してあるトリマ・コンデンサを，調整穴から調整棒によりトリマを回して発振周波数（表5-1-6）に調整す

写真5-1-51 受信機GAIN調整カ所

る（写真5-1-49）．このとき，トリマ・コンデンサのネジを回しすぎると抜け落ちてしまうので注意する．また，調整用ドライバを抜いてからターレットを回転するよう十分に注意して作業する．

(12) 受信機GAINの調整

受信機の各増幅部，検波部の動作信号レベル配分が，AGCにより設計値どおり動作するようにするため，ANT入力信号が$1.5\mu V$のときにAGC動作が開始するようにR25を調整します．
① SGをJ106ANT端子にインピーダンス整合を取って接続する．
② SG出力周波数を14.5MHzにする．
③ EMISSION→LSB／RF GAIN→時計方向いっぱい．
④ SG出力を$1.5\mu V$にセットする．
⑤ テスタをAGC LINEに接続する．
⑥ R25をAGC動作開始点に合わせる（写真5-1-51）．

(13) メータの調整

- RFメータのゼロ調整

写真1-52 RFメータの感度とゼロ調整

写真1-53 Qマルチ調整用L108とR34

① RF GAIN時計方向いっぱいとする．
② メータ・スイッチをRF位置とする．
③ 無信号の周波数を選び，R37を調整して，メータ指針をゼロに合わせる（**写真5-1-52**）．

- RFメータの校正

RFメータの指示値が，規定入力信号に対応したdB表示であることを確認し，R38を調整して指示値を校正します．

① 「(12)受信機GAINの調整」の設定を継続する．
② SG出力周波数を14.5MHz／SG出力レベルを100μVにする．
③ R38を調整してRFメータ指示値を40dBに合わせる．

(14) マルチの調整

REJECTION TUNINGが受信しているPASSBAND内で操作が可能であること，およびL108とL34を調整して最大の効果となるようにします．
① 電源スイッチ→CAL／EMISSION→USB．
② MC ダイヤル→6.5MC ZEROビート．
③ EMISSION→LSB／RF GAIN(時計方向いっぱい)．
④ EMISSION→AMに切り替える．
⑤ REJECTION TUNING→CALマークの中央位置．
⑥ メータ・スイッチ→RFにする．
⑦ L108とR34を調整してRFメータ指示値を最小位置にする（**写真5-1-53**）．

(15) シグナル・モニタの出力テスト
　　J107/Signal Monitor Out
① 51S-1のANT端子にSGを接続して，SG出力を12MHz/6μVとする．
② J107に接続している500kHz受信機のSメータの読みを記録する．
③ SG出力を直接500kHz受信機に接続する．
④ SG出力を調整して②の読みと同じ値に調整する．
⑤ このときのSG出力は5μV以下であること．

ここまでの調整は，COLLINS 51S-1 INSTRUCTION BOOK によっています．

以上が電気部分の調整の概略です．調整の細部および部品の配置については「Collins instruction book」を参照してください．

5　総合試験

(1) PTOの調整

メイン・ダイヤルの円盤KC表示とCAL信号のゼロビート・ポイントとの偏差を測定します．**表5-1-7**が測定結果です．

測定結果から，CAL信号と各100KCのポイントが約5KCダイヤル右側にずれていたため，KCダイヤル表示と発振周波数を一致させて修復完了です．

(2) Multi Frequency Xtal Oscの周波数調整

Xtal Osc発振周波数のチェックです．KCダイヤルを500として，MCダイヤルを00〜29MCまで回したとき，ダイヤル表示とゼロビート・ポイン

表5-1-7 PTO調整前後の偏差

DIAL (KC)	000	100	200	300	400	500	600	700	800	900	+000
偏差（KC）前	−4.0	−4.0	−4.2	−4.5	−4.8	−5.0	−5.1	−5.2	−5.3	−5.8	−6.4
偏差（KC）後	+0.5	+0.5	+0.6	+0.7	+0.2	0	−0.2	−0.4	−0.6	−0.6	−0.4

表5-1-8 Multi Frequency Xtal Oscの周波数調整

DIAL (MC)	00	01	02	03	04	05	06	07	08	09
偏差（KC）前	−2.0	−1.8	+2.5	+2.5	+2.2	+2.0	+1.5	0	+0.1	0
偏差（KC）後	+0.4	+0.5	+0.9	+0.9	+0.8	+1.0	+0.5	+0.2	+0.2	0
DIAL (MC)	10	11	12	13	14	15	16	17	18	19
偏差（KC）前	−2.0	−1.8	+2.5	+2.5	+2.2	+2.0	+1.5	0	+0.1	0
偏差（KC）後	0	0	0	0	+0.1	0	0	0	0	0
DIAL (MC)	20	21	22	23	24	25	26	27	28	29
偏差（KC）前	−2.0	−1.8	+2.5	+2.5	+2.2	+2.0	+1.5	0	+0.1	0
偏差（KC）後	0	0	0	0	0	0	0	0	0	0

表5-1-9 3〜2MC可変IFの調整

DIAL (KC)	000	100	200	300	400	500	600	700	800	900	+000
RF (dB) 前	27	27	30	30	30	32	32	34	34	35	35
RF (dB) 後	29	29	29	32	31	31	32	32	32	32	32

表5-1-10 CAL信号レベルの確認

DIAL (MC)	00	01	02	03	04	05	06	07	08	09
RF (dB) 前	80	78	72	72	72	60	40	43	10	10
RF (dB) 後	100+	100+	100+	100+	100+	100+	100	92	85	67
DIAL (MC)	10	11	12	13	14	15	16	17	18	19
RF (dB) 前	09	33	35	33	09	34	38	38	36	19
RF (dB) 後	65	72	78	78	76	74	74	71	64	64
DIAL (MC)	20	21	22	23	24	25	26	27	28	29
RF (dB) 前	02	02	02	18	03	22	18	20	17	22
RF (dB) 後	50	55	53	52	40	52	48	44	40	39

トのずれを測定します（**表5-1-8**）．

 表5-1-8から00〜01MCの偏差はLF 28MC OSC周波数ずれに起因しますので，調整して回復．02〜07MCの偏差は17.5MC OSC周波数ずれに起因しますが，C233が最小値外のため調整できませんでした．真空管V8 6EA8劣化のため取り換え，ピストン・トリマ30本を調整するなどできうる限りの回復を試みています．本格修復は水晶片の取り替えが必要となります．

(3) 3〜2MC可変IFの調整

① MCダイヤルを8MC，KCダイヤルを000位置にセットする．
② SG出力を8.0MHz，出力を50μV，10dB ATTを経由して受信機ANTに接続する．
③ KCダイヤルを000・100・・・・900・000，同時にSG出力を8.0・8.1・・・・8.9・9.0とする．
④ このときのRFメータ指示値を記録し，3〜2MHz可変IFの帯域内の通過特性を確認する．

 表5-1-9が測定結果で，2〜3MHzIF部チューニング特性確認を確認したところ，バンド内トラッキング不良のため，調整前は000と+000での感度差が8dBとなっていたので，再調整した結果，感度差は3dBに納まりました．

(4) CAL信号レベルの確認

 KCダイヤルを500位置にしてCAL信号を受信し，MCダイヤルを00〜29MCまで回したとき，CAL信号のRFメータ指示値をdB測定した結果が**表5-1-10**です．**表5-1-10**の事前データ確認により，

表5-1-11 RF入力感度測定

DIAL (MC)	00	01	02	03	04	05	06	07	08	09
SG (μV)前	5	8	8	3.5	5	6	10	14	10	14
SG (μV)後	0.5	0.5	1.0	1.0	0.7	1.3	0.9	0.9	0.9	0.9
DIAL (MC)	10	11	12	13	14	15	16	17	18	19
SG (μV)前	15	10	15	15	15	15	10	10	10	15
SG (μV)後	0.9	0.9	1.0	1.0	0.8	0.9	1.0	0.9	1.2	0.9
DIAL (MC)	20	21	22	23	24	25	26	27	28	29
SG (μV)前	15	15	25	15	28	10	15	10	10	10
SG (μV)後	1.5	0.8	0.6	0.6	1.9	1.2	1.1	1.3	1.2	1.0

受信感度が低下していることが確認できました．その後RFトラッキング調整など完了後は，受信感度が大幅に改善されたため，CAL信号のRFメータ指示値は大幅に改善されています．

(5) RF入力感度測定

① 00～29MCの各バンドの500KC位置にて，SGからの信号を10dB ATTを経由して受信．

② SG出力を調整して，受信機のAGCが動作開始するポイントをRFメータ指示値から求める．

③ このときのSG出力から，ANT入力レベルを換算して測定（**表5-1-11**）．

④ 調整前：00～29MCにてAGC開始時（RFメータ10dB）のSG出力をμV表示

⑤ 調整後：受信機GAIN ADJを7.5MHzで1μV／RFメータ 10dBにセット状態で測定

測定からRFトラッキング調整不良と判断しました．正規調整はANT入力回路にATTを挿入して，SG接続によるインピーダンス不整合を抑えた構成で調整をします．原因は入手前のメインテナンスでANT入力をOPENのまま，CALによりトラッキング調整した結果のようです．

この調整不良による初段コイルが全て同調ずれのため10～30μVの感度になっていました．調整後は0.5～1.0μVと正常に回復しました．

調整コイル数は30個を3段＝90個に及びました．

(6) トラブルシューティング結果

今回のメインテナンスで手を入れたカ所をまとめておきます．

① ターレットA9接点アッセンブリ接点位置不良
取り付けネジ2本締め込み調整で回復．

② 24MC RF2coil のダストコアが固着して調整不可感度が確保できたためそのままとした．

③ RF2段のトリマC71
ベークライト基板が割れていた．電気特性に支障ないため接着剤で固定して正常に回復させている．

④ RF 6DC6チェック→良好．
IF 6BA6チェック→V2 6BA6 Gain劣化のため取り換え回復．

⑤ 500KC IFT 再調整
大きな劣化はなかった．

⑥ 100kHzマーカ
周波数ずれがあり，基準周波数で校正している．

☆　　　　☆　　　　☆

51S-1はコリンズの数ある機種の中でも，最も多い製造台数だといわれています．かつては軍通信所，コーストガード，FBI，新聞社，大使館などと多用された受信機は，R-388からR-390Aを経て51S-1へと変遷してきました．また51S-1は空軍仕様としてLTV社で換装されたG-133Fなどもあります．

このように各方面で多用され，また製造台数も多いということから，中古市場への供給も多くなっています．しかし，経年劣化やメインテナンス不良によって「リコンディション」状態の物が少なくありません．

筆者もこれまでに10台以上の51S-1を手がけてきましたが，無傷であった物は1台もありませんでした．そのような状況からしても，入手後は必ず状態の確認を行って劣化の度合いを確認し，必要であればメインテナンスを施して，本来の高性能な51S-1をお楽しみいただければと思う次第です．

海外編 02 ハマーランド SP-600JX-17のメインテナンス

JA2AGP 矢澤 豊次郎

1 はじめに

昭和30年代の初めにスーパープロの親分として君臨したSP-600．そのころ中古機が立川の杉原商会で販売されており，当時の値段で30万円でした．欲しくてたまらなかったのですが，そのころ土地付きの新築住宅(40坪)が45万円で入手できた時代です．とても買えるものではないのですが，なんと，買って使っていたOMがいたのです．「そうか，買える人もいるんだ！」．これが「いいなぁ〜」「ほしいなぁ〜」から「買いたいなぁ」「買ってやるぞぉ〜」に変わっていき，そして現在に至りました．

最初に入手したスーパージャンクのSP-600のことを思い起こすと，煙草のヤニやら埃などが付着してそれはそれは小汚くて，どうしようと思ったものでした．友人の家に持ち込んで，いきなりスチーム・ジェットでブワーと吹きまくって，それからメインテナンスに入ったこともありました．

それから45年，今ではネットオークションで手軽に入手できますし，程度の良い物が出回ることもあります．

今回は，米国製受信機SP-600シリーズのうち，SP-600JX-17をサンプルとして，解体・洗浄・整備・組み付け・調整などの具体的な手順についてご紹介します．

2 受信機の構成概要

メインテナンスに入る前に，受信機の構成の概要についてご紹介をしておきたいと思います．

(1) 諸元

SP-600は，第2次大戦後の米軍の主力受信機として，1950年代にはR274(SP600/SX73/HRO60)，1960年代には R388(51J1〜4)，1970年代にはR390

(R389/390/391/392/390A)，1980年代には51S，1990年代にはシンセサイザ機種へと変遷する中で，電気的・機械的構成が見事な最高級受信機の1つです．

1950年にアメリカ政府が受信周波数範囲・受信機の性能などの仕様を示して各社に発注しました．そのため，ハマーランド社のSP-600，ハリクラフターズ社のSX-73，ナショナル社のHRO-60と各社で形こそ違いますが，それぞれに特色を凝らして同時代にほぼ同じスペックで製造された受信機です．

主な仕様をSP-600JX-17を元に**表5-2-1**にまとめ

表5-2-1 SP-600JX-17の主な仕様

モデル	SP-600JX-17
製造年次	1950年〜1972年
価 格	$1140
受信周波数	6BAND/0.54〜54MHz
受信方式	Single Conv：BAND 1〜3，Double Conv：BAND 4〜6
中間周波数	3955/455kHz
フィルタ	Crystal
使用真空管数	20本
受信周波数構成	BAND1　0.54〜1.36MHz
	BAND2　1.35〜3.45MHz
	BAND3　3.45〜7.40MHz
	BAND4　7.40〜14.8MHz
	BAND5　14.8〜29.7MHz
	BAND6　29.7〜54.0MHz

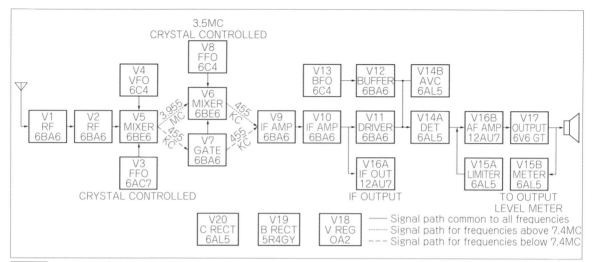

図5-2-1 SP-600JXブロック・ダイヤグラム

表5-2-2 イメージ抑圧比

BAND No.	Frequency (MC)	Image Rejection Ratio	
		Voltage Ratio	dB
1	1.35	60000	95
2	3.40	10000	80
3	7.40	4000	72
4	14.50	300000	109
5	29.50	50000	94
6	54.00	5000	74

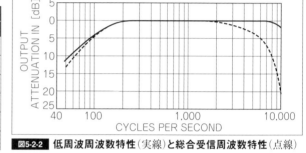

図5-2-2 低周波周波数特性(実線)と総合受信周波数特性(点線)

ておきます．

(2) ブロック・ダイヤグラム

図5-2-1のブロック・ダイヤグラムにあるように，受信周波数0.54～7.4MHz(MC)はシングルスーパー，7.4～54MHz(MC)はダブルスーパーで構成されています．

(3) 仕様について

いまでこそ，「SP-600JX-17」と言っていますが，昭和30年代では「SP-600」と言うだけで十分通用したものでした．その後ようやくSP-600を入手して調べてみると，「SP-600JX-17」の銘板が付いていました．当時はインターネットなどなかったので，CQ ham radio誌やQST誌を調べていくうちに，SP-600には多くのバージョンがあることが分かってきました．

具体的には，受信周波数がVLF/LF/MFのものや，クリスタル・フィルタのあり，なし，発振器への外部供給のあり，なし，SSB対応のあり，なしなどのバリエーションがあります．その一覧を資料として稿末に添付しますので参照してください．

(4) 特徴

SP-600は，

① ターレット式コイルを装備したフロントエンド．
② 大型フライホイールによるスムーズなメイン・ダイヤル．
③ VLFからVHFまでカバーする広帯域受信．
④ バージョンの多さ．
⑤ 高イメージ・レシオ(**表5-2-2**)．
⑥ 広帯域な低周波特性(**図5-2-2**)．

などの素晴らしい機能を備えた名機です．

また，軍用仕様であることから，使用されている部品とその材質は素晴らしいもので，受信機の特性として現在でも実用機として優れた性能を有しています．

アマチュア無線機メインテナンス・ブック3　海外機編

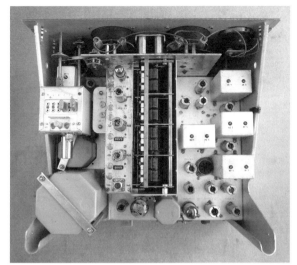

写真5-2-1 SP-600をシャーシ上側から見る
バリコン・カバーを外した状態

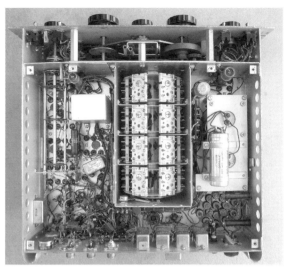

写真5-2-2 SP-600をシャーシ下側から見る
ターレット・カバーを外した状態

3　現状確認

　写真5-2-1，写真5-2-2が内部の様子です．細部のメインテナンスに入る前に，おおまかな現状確認を行います．

(1) 外観点検
① 埃，汚れ，さびなど．
② 改造の有無，コネクタ部分のさび．
③ つまみの有無とボリューム，スイッチの回転動作の状態．
④ シールド・ケースの有無．
⑤ 真空管の有無と品番の合致．
⑥ ネジのゆるみ．

　注意事項として，入手した受信機の全体についての目視点検や受信機特性の事前確認は，メインテナンス後のトラブル・シューティングに重要なデータとなりますので，確実に測定記録しておくようにしましょう．

(2) パネル面操作で確認
　パネル面からダイヤルノブ，バンド切り替えスイッチなどを操作してみることで，機械的メインテナンスが必要なポイントをおおまかに把握することができますので，次のような現象がないかチェックしてください．
① メイン・ダイヤルの回転を確認すると，スムーズでない，スリップする．
② バンドを切り替えても，ダイヤル面の指示金具が上下しない．
③ バンドを切り替えると，ガリっという感じがする．

(3) 受信機の動作確認
　受信機に電源が入り，動作状態になるかを確認します．
① 受信機にスピーカを接続．
② 受信機のパネル面を次の設定に．

- RF GAIN　　　　　　時計方向いっぱい
- SELECTIVITY　　　　8kHz
- BAND CHANGE　　　0.54～1.35MC
- AUDIO GAIN　　　　中間位置
- SEND-REC SW　　　 REC
- MOD-CW SW　　　　MOD
- AVC-MAN SW　　　　AVC
- LIMITER SW　　　　 OFF
- HFO　　　　　　　　VAR
- IFO　　　　　　　　 INT
- BFO-AVC　　　　　　INT（SLOWもしくはFAST）

② SP-600の電源供給電圧は一般的に117Vの接続ですが，使用状況により電源電圧設定が異なる場合もあるので，電源トランス配線を確認して，95/105/117/130/190/210/234/260Vのど

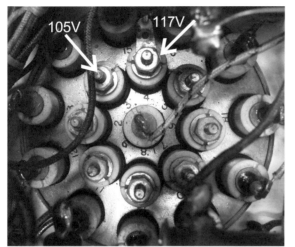

写真5-2-3 電源トランス1次側巻線接続

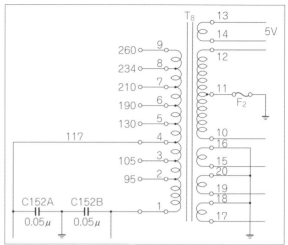

図5-2-3 電源トランス接続図

表5-2-3 メインテナンス前のダイヤル表示周波数と受信周波数の実測値

BAND	0.54～1.35MC	1.35～3.45MC	3.45～7.4MC	7.4～14.8MC	14.8～29.7MC	29.7～54.0MC
ダイヤル表示	0.56MC	1.4MC	3.75MC	7.5MC	15.0MC	30.0MC
SG周波数	0.561MHz	1.40MHz	3.75MHz	7.50MHz	14.98MHz	29.92MHz
ダイヤル表示	1.3MC	3.4MC	7.15MC	14.5MC	29.0MC	52.0MC
SG周波数	1.29MHz	3.39MHz	7.17MHz	14.63MHz	28.90MHz	52.85MHz

の端子に配線されているかを確認して，電源供給電圧を選択（**写真5-2-3**，**図5-2-3**参照）．

③ 受信機の電源コードにスライダックを接続し，0Vから徐々に昇圧して受信機から異臭や異常が生じないことを確認しながら，確認した電圧まで昇圧して受信機を動作させる．

④ 動作することが確認できたら5分程度継続し，異臭や異音が出ないことを確認．

⑤ この状態で次のような確認をする．

- バンド切り替え，帯域切り替えしたとき，雑音発生はないか(特定のポジション，全ポジション)．
- ダイヤルを回すと一定の場所で雑音が出ることはないか(特定のバンド，全バンド同じ位置)．
- ボリュームを回すと雑音が出ることはないか（一定の場所で発生）．
- 振動を与えると雑音が出たり，感度が変化することはないか(振動を与える場所を変化させて特定できるか)．

(4) 発振周波数の確認

受信機を動作状態にしてダイヤル表示と受信周波数とのずれを測定します．実測例を**表5-2-3**に示します．

① 受信機の電源スイッチを入れ，15分以上ウォームアップする．

② RF GAINを時計方向いっぱい，SELECTIVITYを0.5kHzにセット．

③ 受信機のANT端子にSG出力を接続する．このとき，受信機入力インピーダンスは100Ωであるため，SG出力インピーダンスと整合を取る整合器を介して接続．

④ 受信機入力レベルはおおむね5μV以下とする．

その他の方法として，周波数カウンタによる第1局部発振器の発振周波数を測定する方法があります．具体的には，6項の総合試験の4-(1)項を参照してください．

(5) 入力感度の確認

受信機を動作状態にして入力感度を測定します．

① 受信機の電源スイッチを入れ，15分以上ウォームアップする．

② RF GAINを時計方向いっぱい，SELECTIVITYを

アマチュア無線機メインテナンス・ブック3　海外機編

表5-2-4 メインテナンス前の受信入力感度実測値

BAND	0.54～1.35MC	1.35～3.45MC	3.45～7.4MC	7.4～14.8MC	14.8～29.7MC	29.7～54.0MC
ダイヤル表示	0.56MC	1.4MC	3.75MC	7.5MC	15.0MC	30.0MC
SG出力 μV	0.5μV	0.5μV	0.4μV	0.4μV	0.9μV	1.5μV
ダイヤル表示	1.3MC	3.4MC	7.15MC	14.5MC	29.0MC	52.0MC
SG出力 μV	3.4μV	4.7μV	0.3μV	1.7μV	2.3μV	4.0μV

0.5kHzにセット.

③ 受信機のANT端子にSG出力を接続する．このとき，受信機入力インピーダンスは100Ωであるため，SG出力インピーダンスと整合をとる整合器を介して接続する．

④ 受信機のSメータ指示値が10dBとなる入力レベルを記録する．**表5-2-4**が測定記録例．

(6) メインテナンスの手順

現状確認によりメインテナンスすべき症状をおおまかに抽出した後に，全般的な汚れ，錆をクリーニングしてグリスアップします．その後コンデンサなどの予防交換を行った後に，総合試験を行いつつ症状確認部分の補修を行います．

① 機械的メインテナンス
- 前面パネルを取り外す→メータ，つまみ，エスカッション洗浄後に再塗装．
- ギヤ部解体→ギヤ洗浄→グリスアップとギヤ取り付け→ギヤ同期調整．
- 接点のクリーニング→SELECTIVITY SW接点，バリコン・アース接点の清掃．

② 電気的メインテナンス
- コンデンサの予防交換，不良抵抗取り替え．

③ 総合調整
- IF調整→Xtalフィルタ同調コイル，455KC IFT，3955KC IFTの調整．
- RF調整→ダイヤル目盛りと発振周波数の一致，高周波同調回路の調整．
- 以上の調整過程で調整不能の原因となる不良箇所の修理．

4　ダイヤル機構部分のメインテナンス

最も重要な機構であるダイヤル機構部分をメインテナンスするために，前面パネルを外します．

(1) 前面パネルを外す

① チューニング，バンド切り替え，アルミつば

写真5-2-4 つまみやメータを取り外した状態
写真はSP-600JX-14のパネル

写真5-2-5 取り外したつまみ，メータ，ダイヤル・エスカッション
写真はSP-600JX-14のパネルの主要部

付き5個，金属製小型つまみ5個を外す．

② ボリューム，切り替えスイッチ，スナップスイッチ，PHONEなどの取り付けネジを外す（**写真5-2-4**）．

③ パネル取り付けネジ（左右8本とスナップ・スイッチ横の2本）を外す．

④ メータのクランプを背面で緩めてメータを外す．

⑤ エスカッション裏側の4本のナットを緩めて取り外す（**写真5-2-5**）．

⑥ パネル前面右上の固定チャンネル表示板を外す．

⑦ バンド切り替え表示窓のアクリル板を取り外す．

⑧ エスカッションのアクリル板を取り外す．

⑨ パネル，つまみ，エスカッション，アクリル

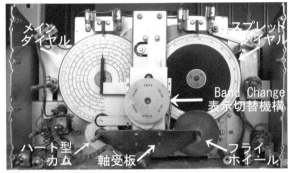

写真5-2-6(a) パネルを取り外した状態

写真5-2-6(b) メイン・ダイヤルとスプレッド・ダイヤルのセット・ポイント

写真5-2-7 バリコンの内側からギヤとの連結用クランプを見る

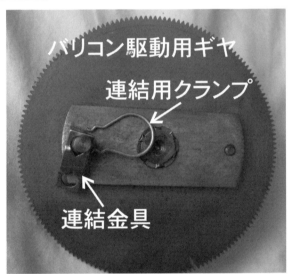

写真5-2-8 バリコン駆動用ギアと連結用クランプを外してみたところ

板をマジックリンにて洗浄する.

⑩ 洗浄乾燥後,つまみはつや消しクリア・スプレーにて塗装. エスカッションはつや消し黒スプレーにて塗装する(つまみなどの塗装については「アマチュア無線機メインテナンス・ブック2」のR-390Aの記事で詳細に紹介してありますので,ご参照ください).

⑪ **写真5-2-6(a)** がパネルを外した状態のダイヤル機構部分. 中央にバンド切り替え表示機構,左下にターレット・コイル群のストッパ用ハート形カム. 左側にメイン・ダイヤル,右下に大きなフライホイールとそれに連動するスプレッド・ダイヤル. 中央下にウイング状の軸受け金物が見える.

(2) ギヤ・トレーンの解体とギヤ同期確認

① パネルを外した状態で,チューニング・ダイヤルを回して,メイン・ダイヤルの上の端の矢を「0000」左端位置,下の矢を中央スケールの「0.54」左側のセット・ポイント・マークに合わせる. また,スプレッド・ダイヤルの上の端の矢が「0」位置でストッパが反時計方向停止位置であることを確認する [**写真5-2-6(b)**].

② バンド位置は0.54〜1.35MCとする.

③ 組み立て時に調整しやすいように,かみ合っているギヤ同士に軽くケガいてマークを入れる.

④ チューニング・ダイヤル・シャフトおよびバンド切り替えシャフトを支えている軸受板を外す.

⑤ チューニング・ダイヤル・シャフトおよびフ

アマチュア無線機メインテナンス・ブック3　海外機編

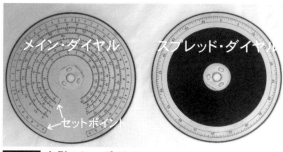

写真5-2-9 左側メイン・ダイヤル
0.54～1.35MCバンドの左端にセットマークが見える

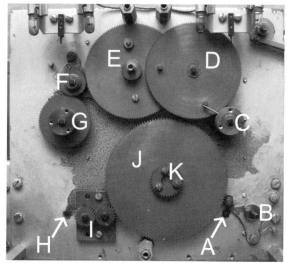

写真5-2-10 バリコンとダイヤル同期ギヤ機構

ライホイール（A位置）と連結リング（B位置）を取り外す．
⑥ バンド切り替え表示機構を取り外す．
⑦ ギヤを解体してシンナーでクリーニングする．
⑧ バリコン駆動用ギヤ（E）はバリコンとクランプされており，バリコン接続ギヤ内側についているクランプを外すと駆動用ギヤとの結合が外れる（**写真5-2-7**，**写真5-2-8**）．
⑨ パネル面のS字型スプリングをクリーニングとグリスアップする．

(3) バリコンとダイヤル同期ギヤ機構の組み立て
① ギヤを組み立てるときは，スプリングを押さえ込みながら組み付ける．
② 組み合わせるときは全てのギヤ・クランプ・リングは，外した状態でセッティングする．
③ バリコン駆動用ギヤとバリコンとの連結を外した状態で，スプレッド・ダイヤルを「0」位置，ギヤ取り付け穴がスプレッド・ダイヤル盤取り付け穴の中央でCの位置に取り付ける．
④ この状態でスプレッド・ダイヤルを時計方向に回転させ，「0」位置でストッパが時計方向停止位置で停止することを確認する．**写真5-2-9**の右側がスプレッド・ダイヤル（C位置に装着）．
⑤ バリコンのローター位置を最大容量位置（羽の位置で確認）とし，スプレッド・ダイヤルを反時計方向「0」位置の状態でバリコンとバリコン駆動用ギヤとを連結する（**写真5-2-7**，**写真5-2-8**）．
⑥ メイン・ダイヤルを「00000」左隅位置で，ギヤ取り付け穴がメイン・ダイヤル盤取り付け穴の中央となるようにメイン・ダイヤル・ギヤ（G位置）のかみ合わせを調整する．

⑦ すでにスプレッド・ダイヤル・ギヤとかみ合っているVCギヤとメイン・ダイヤル・ギヤを，連結ギヤでかみ合わせる．この状態で，スプレッド・ダイヤル（C位置に装着）が「6回転」すると，メイン・ダイヤルは「000‥00」…「555‥55」と回転表示する．つまりスプレッド・ダイヤルの1目盛りは1バンドの約$1/600$を分割表示することになる．
⑧ チューニング・シャフト駆動からバリコン回転とメイン・ダイヤル回転に至る機構は**写真5-2-10**の

A：フライホイール付きチューニング・シャフト→連結リング
B：連結リング→スプレッド・ダイヤル
C：スプレッド・ダイヤルと同じ軸ギヤ（ストップ・バー付き）
D：バリコン駆動用連結ギヤ（ストッパ付き）
E：バリコン駆動用ギヤ（ギヤ裏側でバリコンと連結）
F：バリコン駆動用ギヤ→メイン・ダイヤル駆動用連結ギヤ
G：メイン・ダイヤル駆動用ギヤと同じ軸にメイン・ダイヤル

の各ギヤにより駆動伝達される．
⑨ バンド切り替えシャフト駆動からターレット回転とバンド表示に至る機構は，同じく**写真**

写真5-2-11 3個のS字型スプリングで浮動軸を矢印方向に押さえ込みバックラッシュを解消している

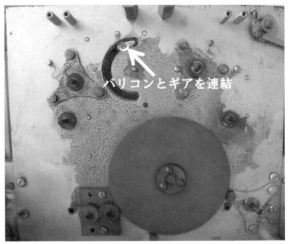

写真5-2-12 バリコンの結合部とバリコン駆動ギヤの裏側
バリコン結合用のスリットが見える

5-2-10の,
H：バンド切り替えシャフト
I：バンド切り替えシャフト→ターレット駆動連結用ギヤ
J：ターレット・ドラム駆動用ギヤ→ターレット・シャフト駆動
K：バンド表示機構駆動用（ターレット・ドラム駆動用ギヤと同じ軸）

の各ギヤにより駆動伝達される．

(4) ダイヤル駆動機構の組み立て

① チューニングつまみシャフト（**写真5-2-10** Aの位置）に，大型フライホイール付きの「チューニング・ダイヤル・シャフト」をはめ込む．

② チューニングつまみ→スプレッド・ダイヤル連結用（**写真5-2-10** Bの位置）は浮動軸で，チューニング・ダイヤル・シャフトに結合される．「連結リング」をBの位置に装着する．

③ スプレッド・ダイヤル駆動用ギヤ（止めネジ3個とストッパー付き）（**写真5-2-10** Cの位置）に，100度目盛り付きの「スプレッド・ダイヤル」盤を3個のネジで取り付ける．この「スプレッド・ダイヤル」盤を「連結リング」で駆動する．この「連結リング」はS字型スプリングにより，「チューニング・ダイヤル・シャフト」と「スプレッド・ダイヤル盤」に押しつけられスリップしない構造となっている．また，ストッパは

「スプレッド・ダイヤル」盤が6回転すると，スプレッド・ダイヤル→バリコン駆動用連結ギヤに付いている突起により回転がストップするメカニカル・ストッパ構造となっている．

④ スプレッド・ダイヤル→バリコン駆動用連結ギヤ（**写真2-10** Dの位置）は浮動軸で，S字型スプリング2個により，「スプレッド・ダイヤル駆動用ギヤ」および「バリコン駆動用ギヤ」に押しつけられ，バックラッシュしない構造となっている．

⑤ メイン・ダイヤル駆動用ギヤ（止めネジ3個付きG位置）に，目盛り付きの「メイン・ダイヤル」盤を取り付ける．このメイン・ダイヤル駆動用ギヤ（G位置）とバリコン駆動用ギヤとを連結させるギヤ（F位置）は浮動軸で，S字型スプリングにより押しつけられ，バリコンの回転角をメイン・ダイヤルに連動させている．このように，S字型スプリング3個と浮動軸による3個のギヤとで，実に巧みにバックラッシュの吸収とスムーズなメカニズムを実現している（**写真5-2-11**，**写真5-2-12**参照）．

(5) バンド・スイッチ・ギヤの組み立て

① ターレットを回転させて0.54～1.35MCバンドが接点に接触する位置に回転させる（**写真5-2-13**）．（0.54～1.35MCバンド，ANT-T 10-31387，RF1-T 16-31386，RF2-T 22-31386，OSC-T

アマチュア無線機メインテナンス・ブック3　海外機編

写真5-2-13　バンド切り替え機構と表示機構

写真5-2-14　「連結リング」が設置される浮動軸

28-31385)

② 0.54～1.35MCバンドからターレットを回転させて29.7～54MCバンドにしたとき，ターレット後ろ側に付いているS4（シングルスーパー/ダブルスーパー切り替えスイッチ）がダブルスーパー側に切り替え動作することと，ターレットを0.54～1.35MCバンドに戻したときに，シングルスーパー側に切り替わることを確認する．

③ この状態で，ギヤ・トレーンにバンド切り替え表示機構を0.54～1.35MCバンドが表示窓に水平となる位置に合わせて組み付ける．

④ このときハート形カム付きギヤのカムロック用のキャップ・スクリューはゆるめた状態でギヤ・トレーンに組み付ける．

⑤ フリー状態（ギヤと連動していない）のバンド切り替えシャフトを回転させて0.54～1.35MCバンドが接点に接触する位置に回転させる．さらに精密調整としてRFプラットホームに付いているダストコアおよびトリマ調整用穴からのぞいたときに，ダストコア調整ネジおよびトリマ・コンデンサ・シャフトが，調整穴の中央に見える位置にJギヤの角度を調整する．このときのJギヤ角度がターレット接点とコイルの接点が接点の中央部分で接触している状態となる．

（6）チューニング・ダイヤル・シャフトと
　　スプレッド・ダイヤル連結リングの調整

　ギヤ機構中央部のバンド切り替え表示機構の最下部に設置されているウイング状軸受盤（バンド切り替え・チューニング・ダイヤルの軸受け）に注目します．

① ウイング状軸受盤は3本のネジで取り付けられている（**写真5-2-14**）．

② バンド切り替えシャフトをクリック・ストップとするため，シャフトをハート形カムで固定している．その結果，このハート形カムをロックするため強力なスプリングにより，バンド切り替えシャフトへ上から下方向へ圧力が掛かっている．

③ このためウイング状軸受盤は左下がりの状態になっている．

④ したがって，メインテナンス後に無意識にウイング状軸受盤の3本のネジを締め付けると，バンド・スイッチ部は左下がり状態，チューニング・ダイヤルの軸受部分が右上がり状態となる．

⑤ その結果，チューニング・フライホイール・シャフトが傾き，連結リングが正しくかん合せず，スリップリングの片側だけが接触しその結果スプレッド・ダイヤルが回らない状態となる（**写真5-2-15**）．

S字スプリングでフライホイール付きシャフトとスプレッド・ダイヤルに押しつける．フライ

SP-600JX-17　101

写真5-2-15 大型フライホイール付きチューニング・シャフト
S字スプリングでフライホイール付きシャフトとスプレッド・ダイヤルに押しつける．フライホイール横の溝に「連結リング」がはまり込む

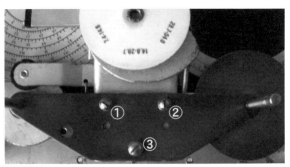

写真5-2-16 チューニング・シャフトの保持機構

ホイール横の溝に「連結リング」がはまり込む．

(7) スリップしないための取り付け要領

① **写真5-2-16**のようにウイング状軸受盤を取り付けるときに水平状態を維持するように，バンド・スイッチ側を下から上に押し上げて，切り替え表示機構の下端を基準として平行となるように，3本のネジ①，②，③のうち「左側の①ネジ」を締め付ける．

② 次に右側の②のネジ，最後に下側の③のネジを締め付ける．

③ ネジを締め付けるときに，チューニング・ダイヤルを回してスムーズさを確認しながらネジを締め付けていくと，ウイング状軸受盤のねじれ具合がよく分かり，チューニング・シャフトと連結リングのカップリング状態が調整できる．

④ 3本の①，②，③ネジを完全に締め付けた状態でチューニング・ダイヤルの回転が重くなる場合は，ウイング状軸受盤とバンド切り替え表示機構盤との間に，極めて薄い平ワッシャ（4mm用）をスペーサとして挟み込んで，チュ

ーニング・ダイヤルの軸の傾きを調整し，連結リングとのカップリング状態が最良の状態に調整する．

⑤ 完成時には①，②，③の3本のネジは確実に締め付けられている状態を実現すること．最良の状態に調整すると，チューニングつまみ4〜5タッチでバンド内をスイープできる素晴しいタッチが再現できる．

5 電気部分のメインテナンス

5-1 コンデンサの取り替え

約30年前に入手したSP600-JX-17．MFP（カビ防止塗装）が全体にかけてあり，外見は非常に良好です．電源を入れると，一旦，音が出ましたが，その後無音状態となり，調査の結果コンデンサC70不良と判明しました．RFプラットホームを外さないと修理できないため，取り外したままで25年が経過してしまいました．ようやく重い腰を上げて修理に着手．不良コンデンサのみの取り替えのつもりが，今後のことも考えて全数取り替えを行うこととしました．

あらかじめ取り替え用としてセラミック・コンデンサ$0.01\mu F \times 41$個，$0.022\mu F \times 16$個を予備も含めて準備しました．

(1) RFプラットホーム内コンデンサの取り替え

RFプラットホームは，高周波増幅段，第1混合段，第1局部発振段とターレット・コイルとの接点から成っています．このRFプラットホームを取り外すには，バリコンのアース端子配線，IF接続コイルT1接続配線，第1局発接続配線を取り外す必要があります．特にT1に接続する配線は，

アマチュア無線機メインテナンス・ブック3　海外機編

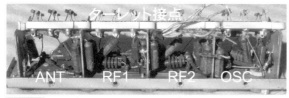

写真5-2-17 コンデンサ取り替え前のRFプラットホーム
ペーパー・コンデンサの行列が見える

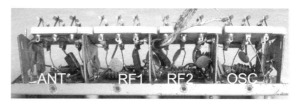

写真5-2-18 セラミック・コンデンサへ取り替え後のRFプラットホームの様子

写真5-2-19 ターレットのコイル・ユニット装着状況

写真5-2-20 ターレットのコイル・ユニット装着金具

取り付けるときのことを考えて，配線ケーブルの色が確認できるようにデジカメ撮影をしておきます（**写真5-2-17**）．

プラットホーム内の取り替え対象コンデンサ0.01μFは，C19～24，C40～C44，C66，C68，C71～C74の17個です（**写真5-2-18**）．

① コンデンサ取り替えに際して，アース側配線をまとめて切り離し，アース端子をクリーニングした後にコンデンサ取り付けを行う．
② コンデンサのホット側リードは短く，コールド側リードは長く取り付ける．
③ 取り付けるコンデンサのホットエンド側にはエンパイヤ・チューブを履かせる．
④ アース・ポイントは，できるだけいままで配線されていた位置に取り付ける．
⑤ 調整用穴からトリマ・コンデンサ，ダスト・コアを調整するための，ドライバ・スルー経路を確保するようにコンデンサ類の取り付け位置を配置する．
⑥ プラットホームのターレット接点部のタイト部品は，コイル接点との接触による汚れが付着しているので，シンナーにより外側，内側ともにクリーニングする．
⑦ コンデンサ取り替えが終了したRFプラットホームを取り付け前の抵抗値チェックをしたところ，C44の短絡R104焼損と連動してR15（510Ω），R16（1kΩ）が焼損断線していたため交換．

（2）RFプラットホームのターレット受け側接点

バンド切り替えスイッチを回すと変な感触だったり，「ガリッ」的な感じだったりしたら要注意です．

この受信機のターレットの受け口接点は，ナイフ・スイッチの受け口の構造をしていますから，片方の接点が摩耗などの理由で折損すると，もう片方の接点が寄りかかるところがなくなってしまいます．このときターレット・コイルの接点が回ってくると，その接点と衝突して「ガリッ」ということになります．

使用頻度が少ないと何とか接触していますが，回すたびに衝突を繰り返しますから，最後は折れ飛んでしまいますので，このコンデンサ交換のときに，受け口接点の摩耗，変形などを点検する必要があります．

（3）ターレット・コイルのコンデンサ取り替え

ターレット・コイルに使用されている交換対象コンデンサ0.01μFは，「0.54～1.35MCのANT/C3，RF1/C27，RF2/C47」と「1.35～3.45MCのANT/C5，RF1/C29，RF2/C49」の6個で，各コイル・ユニットにそれぞれ1個装着されています．これ

SP-600JX-17

写真5-2-21 ターレット用のコイル・ユニット
突き出ている角状端子はRFプラットホームの受け口との接点

写真5-2-22 ターレット用RF2コイル
左側0.54MC帯(31386)/右側1.35MC帯(31389)

を取り替えるには，コイル・ユニットをターレットから取り外して作業を行います．

コイル・ユニットは**写真5-2-19**の様にターレットに装着されています．これを取り外すには**写真5-2-20**のコイル・ユニットの両端に付いている半月型のスプリング留め金具を両端とも取り外すと，コイル・ユニットを取り外すことができます．

写真5-2-21の上段は1.35～3.45MC帯ANT(31390)－RF1(31389)－RF2(31389)コンデンサ取り替え前，下段は0.54～1.35MC帯ANT(31387)－RF1(31386)－RF2(31386)コンデンサ取り替え後の様子です．

ターレット用コイル・ユニットは抵抗の焼損などの不具合もありますので，細かいチェックが必要です(**写真5-2-22**，**写真5-2-23**)．

(4) IF部のコンデンサの取り替え

IF部に使用されている取り替え対象コンデンサ$0.01\mu F$は，C100，C105，C115，C116，C121，C122，C127，C135，C153，C154，C155の11個)と$0.022\mu F$ C102，C109の2個です．

IF部のコンデンサ取り替えは，配線部分にはんだゴテが入らないため，サイド・パネルを取り外すと作業が非常にスムーズとなります．端子のはんだ除去は大量にはんだを吸除するので，同軸ケーブルの被覆を使った吸取り除去が有効です(**写真5-2-24**，**写真5-2-25**)．

配線は丁寧に絡めて端子付けしてありますので，取り替えるコンデンサの足を切り離してから除去する方が容易に外すことができます．このとき真空管ソケットの配線除去は，ソケット金具を折損しないように十分気を付けてください．もし折損してしまった場合には，ソケットの1ピンのみを差し替えて取り替えることができます．

(5) AF部のコンデンサ取り替え

AF部に使用されている取り替え対象コンデンサ$0.022\mu F$は，C146，C148の2個と，$0.022\mu F$ C156，C157の2個です．取り替え途中でV16の6番PINに接続されているC146($0.022\mu F$)短絡が原因でR80($2.2k\Omega$)が焼損断線したり，ようやく外れて抵抗

写真5-2-23 焼損したR106/R104右側の抵抗(R106)が焼損して中央で割れているのが見える

写真5-2-24 本体左側板を外したところ
IF部シャーシ内部およびIFT内のコンデンサ取り替えは，側板を外さなければ作業不可能

アマチュア無線機メインテナンス・ブック3　海外機編

写真5-2-25 455KC IFシャーシ内部
IF部シャーシ内部．ペーパー・コンデンサがシャーシに沿って配線されている

写真5-2-26 455KC IFシャーシ内部
セラミック・コンデンサに交換した状態

写真5-2-28 XtalOSC部の内部配線
左側C61は短絡状態．右側はC64

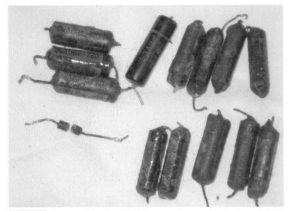

写真5-2-27 IF/AF部で取り替えたペーパー・コンデンサと焼損した抵抗（R82）

写真5-2-29(a) XtalOSC部の内部配線
C61の短絡によりR25（180Ω）が焼損して割れている

写真5-2-29(b)
取り替え後のC61とC64

を取り付けようとしたときに，ソケットのピンが折れるなどしますので注意して作業します（**写真5-2-26**）．

　予備のMT管ソケットから1本抜き取ってV16ソケットの6番PINと差し替えて修理します．さらに，V13の6番PINに接続されているR82（10kΩ）がC148（0.022μF）短絡が原因で焼損断線しているなどもあります．

　その後電源回路のC156，C157（0.022μF）を取り替えて終了です（**写真5-2-27**）．

(6) T1，Xosc部のコンデンサ取り替え

　Xtal OSC部に使用されている取り替え対象コンデンサ0.01μFはC61，C64の2個です．またT1に使用されている取り替え対象コンデンサ0.01μ

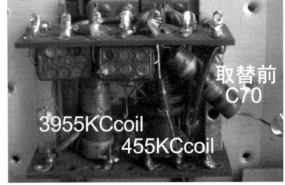

写真5-2-30 第1MIX出力コイル（T1）
上側の端子はRFプラットホームに配線される．右端に短絡したC70（0.01μF）が見える

SP-600JX-17　**105**

写真5-2-31 第1MIX出力コイル(T1)
右端が取り替えたセラミック・コンデンサC70(0.01μF)

写真5-2-32 455KC IFの内部
取り替え前のペーパー・コンデンサが見える

FはC70の1個です(**写真5-2-28～写真5-2-31**).

　このT1の取り替えはXtal OSC部を取り外してからの同時作業で,以下の手順によります.
① サイド・パネル外し→② チョークコイル外し→③ XtalOSCユニット外し→④ 1stMix出力コイル・ユニット(T1)カバー外し→C70(0.01μF)取り替え後不良を確認.

　続いて,XtalOSCユニットを外した段階で内部を確認.あらかじめ回路上でチェックしておいたコンデンサ(0.01μF)2個(C61/C64)を取り替えます.この取り替え作業でC61(0.01μF)の短絡により,R25(180Ω)が焼損断線していることを発見し取り替え(**写真5-2-29**).

(7) IFT内部のコンデンサ取り替え

　取り替え対象コンデンサ(0.022μF)はIFT内T2(C98),T3(C108),T4(C118),T5(C123)で,BFO-T6(C136)はT6のシャーシ内部にあるはずですが,不良となって取り外したままか付いていなかったので取り付けて終了としました(**写真5-2-32**,**写真5-2-33**)

(8) T9内部のコンデンサ取り替え

　3.5MOSC(T9)内部に使用されている取り替え対象コンデンサ0.01μFは,C103,104,106の3個です.

　回路図上ではシャーシ上の配線となっていますが,実際はT9ケース内部に収容されていました.このうちC104短絡により,R38 100kΩの焼損断線があり取り替えています.

写真5-2-33 455KC IFの内部
取り替え後のセラミック・コンデンサが見える

5-2　バリコンのアース接点クリーニング

　冒頭の現状確認のときに,「ダイヤルを回すと一定の場所でガリガリと雑音が出る現象」が確認されました.

　全バンドでバリコン角度が同じ位置という症状から,バリコンのアース接点の接触不良の可能性が高いので,バリコンのアース接点とアース・リングの汚れを洗浄しました.

　洗浄は綿棒にシンナーを浸してバリコン・アース・リング4カ所を清掃します.アース・リングを清掃すると綿棒2本の両側に汚れが付着しました.その結果,バンド内をダイヤル・スイープしたときに,固定角度位置で発生するガリガリ雑音は解消されました(**写真5-2-34～写真5-2-36**).

5-3　SELECTIVITY SW 接点クリーニング

　SELECTIVITY SWの切り替え時に発生する雑音は,スイッチの接触不良による症状であるた

アマチュア無線機メインテナンス・ブック3　海外機編

写真5-2-34 バリコンのアース接点

写真5-2-35 アース接点のクリーニング

写真5-2-36 アース接点をクリーニングした綿棒

写真5-2-37 455IF帯域切り替えスイッチの汚れ

写真5-2-38 455IF帯域切り替えスイッチを一部洗浄

写真5-2-39 455IF帯域切り替えスイッチを洗浄後の様子

め，スイッチ接点の汚れの確認を行いました．

接点洗浄は綿棒にシンナーを浸してスイッチの接触リングを洗浄しました（**写真5-2-37～写真5-2-39**）

6　総合試験

6-1　動作試験

総合動作試験準備として，受信機のパネル面を次のように設定します．

- RF GAIN　　　　　時計方向いっぱい
- SELECTIVITY　　　8kHz
- BAND CHANGE　　0.54～1.35MC
- AUDIO GAIN　　　中間位置
- SEND-REC SW　　REC
- MOD-CW SW　　　MOD
- AVC-MAN SW　　　AVC
- LIMITER SW　　　OFF
- HFO　　　　　　　VAR
- IFO　　　　　　　INT
- BFO-AVC　　　　　INT（SLOWもしくはFAST）

（1）絶縁試験

B+とアース間の絶縁抵抗を確認して，コンデンサ劣化などによる絶縁低下がないことを確認のちに，動作試験に入ります．

（2）電源投入

① 受信機のスピーカ端子に600Ωスピーカを取り付ける（600Ω　4Ωトランス経由で4Ωのスピーカでも良い）．

② テスタでB+電圧を確認しながら，スライダックの電圧を徐々に上げて定格電圧まで調整する．

③ このときパイロット・ランプの点灯と，各真空管のヒータが点灯することを確認する．

④ 異音・異臭がないことを確認する．

6-2　455KC IF部調整

通過帯域が狭帯域のとき，第2中間周波増幅段の中心周波数455kHzにて全段のIFT同調周波数が同一となるように調整します．また，クリスタル・フェージングが周波数上下で対象に動作するように調整します．続いて通過帯域が広帯域のときにパスバンドが確保できるよう調整します．具体

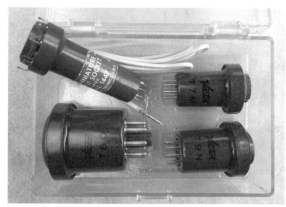

写真5-2-40 真空管試験接続用ソケット・アダプタ
MT7ピン/MT9ピン/GT組アダプタ. 左上はMT7ピン・シールド対応

写真5-2-41 MT7ピン真空管試験接続用ソケット・アダプタ

写真5-2-42 真空管試験接続用ソケット・アダプタを実装したところ

手順は以下によります.

① SG出力を455kHzとして，出力ケーブルにコンデンサを接続し直流カット.

1st Mix 6BE6の1番ピンに接続します．このとき受信バンドは0.54～1.35帯とします．

このとき1st Mix 6BE6への接続は，ソケット端子側から接続できないため，**写真5-2-40**～**写真5-2-42**のような試験用アダプタを使用して接続します．しかし簡易的な方法として1st Mix 6BE6のシールド・ケースをアースから浮かせて，シールド・ケースにSG出力を接続して455kHzを入力する方法もあります（**写真5-2-43**）．

② IF帯域を0.2KCに切り替えてSG発振周波数を調整しSメータ指示値が最大となるよう調整．このときSメータ指示値が10dB以下となるようにSG出力を調整する．

「Sメータ指示値が10dB以下」とは，AGC開始以下の入力レベルで調整するという意味です．SP-600のAGC電圧は－8Vが設計値ですので，AGC電圧が0～－8Vの間で調整をします．Sメータ指示値による確認以外に，背面のAGC端子に高内部抵抗のテスタを接続してAGC電圧を確認する方法もあります．

③ この状態で，T1-L32/T3-L36/T4-L38.L39/T5-L41.L42を調整しSメータ指示値が最大となるよう調整．

④ IF帯域を3KCに切り替えて，T3-L37を調整しSメータ指示値が最大となるよう調整．

写真5-2-43 シールド・ケースにつまようじを刺してアースから浮かせる

⑤ IF帯域を16KCに切り替えて，SG周波数を460kHzにしてT2～L33を調整しSメータ指示値が最大となるよう調整．

⑥ IF帯域を16KCのままで，SG周波数を450kHzにしてT2-L34を調整しSメータ指示値が最大となるよう調整する．

455KC IFの調整前は8kHzと13kHzのパスバンド特性がフラットでなく偏った特性になっていましたが，前述の標準調整を行ったところ8kHzと13kHz共にパスバンド特性がフラットな特性となりました（**写真5-2-44**，**写真5-2-45**，**写真5-2-46**，

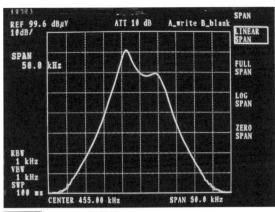

写真5-2-44　455 IFの調整前8kHz

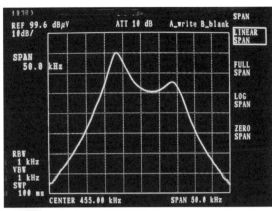

写真5-2-45　455 IFの調整前13kHz

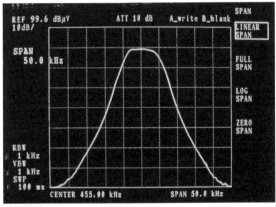

写真5-2-46　455 IFの調整後8kHz

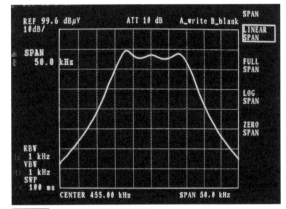

写真5-2-47　455 IFの調整後13kHz

写真5-2-47).

6-3　3955KC IF部調整

　7.4～14.8MC，14.8～29.7MC，29.7～54.0MCの3つのバンドはダブルスーパー動作となり，第1中間周波数は3955kHzとなります．この第1中間周波数トランスの同調を取ります．

① SG出力を3955kHzとして，コンデンサで直流カットして，1st Mix 6BE6の1番ピンに接続．このとき受信バンドは14.8～29.7MC帯．簡易的な方法として1st Mix 6BE6のシールド・ケースをアースから浮かせて，シールド・ケースにSG出力を接続して3955kHzを入力する方法もある(**写真5-2-43**)．

② IF帯域を0.2KCに切り替えてSG発振周波数を調整しSメータ指示値が最大となるよう調整．

③ この状態でT1-L31，T2-L33とL34を調整し，Sメータ指示値が最大となるように調整する．

6-4　RF部トラッキング調整

　同調バリコン(8連)は，0.54～1.35MC，1.35～3.45MC，3.45～7.4MC，7.4～14.8MCの各バンドでは同調回路1段ごとにバリコンの2セクションを並列接続して4連バリコンとして使用しています．

　また，14.8～29.7MC，29.7～54.0MCの各バンドではバリコンの2セクションを複合接続して使用しています．

　「調整穴」は，ターレットに装着されているコイル・ユニットを調整するために，RFプラットホームの上側にあります(**写真5-2-48**，**写真5-2-49**)．

　平常時にはスチール・キャップで穴はふさがれています．調整時にはスチール・キャップを外して調整用ドライバを差し込んで，コイルおよびトリマを調整します．このとき第1局部発振回路の

写真5-2-48 シールド・ケースを外す

写真5-2-49 シールド・ケース止めネジの位置

写真5-2-50 RFプラットホームにある調整穴

写真5-2-51 調整穴のキャップを開けたところ

調整穴は，Xtal切り替えスイッチのシールド・ケースが被っていますので，これを取り外してから調整することになります(**写真5-2-50**，**写真5-2-51**).

調整用ドライバは，調整穴からコイルおよびトリマの調整用ネジ位置まで約8cmあるため，長くて絶縁されたドライバが必要となります(**写真5-2-52**).

準備する測定器は，SG, 周波数カウンタ(ない場合はデジタル表示のジェネラルカバー受信機)，テスタ(高内部抵抗のもの)を用意します．

(1) 局部発振周波数調整 STEP1

局部発振周波数を受信機のダイヤル目盛り周波数より中間周波数だけ高い周波数に一致するように調整します．調整する周波数は，**表5-2-5**に示すメーカー指定のローエンドとハイエンドの調整ポイントです．

● 調整方法1　SGによる調整方法

① パネルセッティング
- RF GAIN　　　　　時計方向いっぱい
- SELECTIVITY　　　0.5kHz
- BAND CHANGE 0.54〜1.35MC
- AUDIO GAIN　　　中間位置
- SEND-REC SW　　REC
- MOD-CW SW　　　MOD
- AVC-MAN SW　　　AVC
- LIMITER SW　　　OFF
- HFO　　　　　　　VAR
- IFO　　　　　　　INT
- BFO　　　　　　　INT(SLOWもしくはFAST)

② SP-600の受信バンドを「0.54〜1.35MC」，ダイヤルを「0.56MC」にセット．

③ SGの発振周波数を「0.56MC」とし，局部発振回

アマチュア無線機メインテナンス・ブック3　海外機編

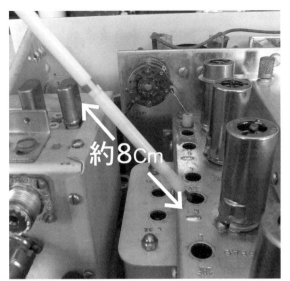

写真5-2-52　調整穴のキャップを開けたところ

路の「L」を調整してSGの信号を受信し，Sメータ指示値が最大となるように調整．このときSメータ指示値が10dB以下となるようにSG出力を調整する．

④ SP-600の受信バンドを「0.54〜1.35MC」，ダイヤルを「1.3MC」にセット．

⑤ SGの発振周波数を「1.3MC」とし，局部発振回路の「C」を調整してSGの信号を受信し，Sメータ指示値が最大となるように調整．

⑥ この手順を数回繰り返して，ダイヤル表示とSGの発振周波数が一致するように調整．

⑦ この①〜⑤までの手順を各バンドごとに下記の表5-2-5の調整周波数において調整する．

●調整方法2　周波数カウンタによる調整方法

① パネル・セッティング
  - BAND CHANGE　0.54〜1.35MC
  - AUDIO GAIN　　中間位置
  - SEND-REC SW　 REC
  - HFO　　　　　　VAR
  - IFO　　　　　　INT
  - BFO　　　　　　INT（SLOWもしくはFAST）

② 周波数カウンタの測定入力ケーブルのアース側を受信機シャーシに，測定入力ケーブルの信号側を「V5/1st Mixer 6BE6」のシールド・ケースをアースから浮かせてシールド・ケースに接続．

③ SP-600の受信バンドを「0.54〜1.35MC」，ダイヤル目盛りを「0.56MC」にセット．

④ 局部発振回路の「L」を調整して，周波数カウンタの表示が「0.56+0.455＝1.015MHz」となるように調整．

⑤ SP-600の受信バンドを「0.54〜1.35MC」，ダイヤル目盛りを「1.3MC」にセット．

⑥ 局部発振回路の「C」を調整して，周波数カウンタの表示が「1.3+0.455＝1.755MC」となるように調整．

⑦ この①〜⑤までの手順を「0.54〜1.35MC」「1.35〜3.45MC」「3.45〜7.4MC」の各BANDにおいて数回繰り返して，ダイヤル表示と第1局部発振周波数が表5-2-5になるように調整．

⑧ 次にSP-600の受信バンドを「7.4〜14.8MC」，ダイヤル目盛りを「7.5MC」にセット．

⑨ 局部発振回路の「L」を調整して，周波数カウンタの表示が「7.5+3.955＝11.455MHz」となるように調整．

⑩ SP-600の受信バンドを「7.4〜14.8MC」，ダイヤル目盛りを「14.5MC」にセット．

⑪ 局部発振回路の「C」を調整して，周波数カウンタの表示が「14.5+3.955＝18.455MHz」となるように調整．

⑫ この①〜⑤までの手順を「7.4〜14.8MC」「14.8〜29.7MC」「29.7〜54.0MC」の各BANDにおいて数回繰り返して，ダイヤル表示と第1局部発振周波数が表5-2-5になるように調整する．

表5-2-5　ダイヤル表示目盛りと第1局部発振周波数（発振周波数はダイヤル目盛り+中間周波数となる）

BAND	0.54〜1.35MC	1.35〜3.45MC	3.45〜7.4MC	7.4〜14.8MC	14.8〜29.7MC	29.7〜54.0MC
OSC調整「L」	0.56MHz	1.4MHz	3.75MHz	7.5MHz	15.0MHz	30.0MHz
第1局発周波数	1.015MHz	1.855MHz	4.205MHz	11.455MHz	18.955MHz	33.955MHz
OSC調整「C」	1.3MHz	3.4MHz	7.15MHz	14.5MHz	29.0MHz	52.0MHz
第1局発周波数	1.755MHz	3.855MHz	7.605MHz	18.455MHz	32.955MHz	55.955MHz

SP-600JX-17

表5-2-6 メインテナンス後のダイヤル表示周波数と受信周波数の実測値

BAND	0.54〜1.35MC	1.35〜3.45MC	3.45〜7.4MC	7.4〜14.8MC	14.8〜29.7MC	29.7〜54.0MC
ダイヤル表示	0.56MC	1.4MC	3.75MC	7.5MC	15.0MC	30.0MC
調整前SG Freq	0.56MHz	1.40MHz	3.75MHz	7.50MHz	14.98MHz	29.92MHz
調整後SG Freq	0.56MHz	1.40MHz	3.75MHz	7.50MHz	15.00MHz	30.00MHz
ダイヤル表示	1.3MC	3.4MC	7.15MC	14.5MC	29.0MC	52.0MC
調整前SG Freq	1.29MHz	3.39MHz	7.17MHz	14.63MHz	28.90MHz	52.85MHz
調整後SG Freq	1.30MHz	3.40MHz	7.15MHz	14.50MHz	29.00MHz	52.00MHz

⑬ 局部発振周波数調整後のダイヤル表示と受信周波数の測定結果は，**表5-2-6**のとおり．

(2) 局部発振周波数確認 STEP2

前項で調整したローエンドおよびハイエンド調整ポイント以外の中間点で，局部発振周波数がダイヤル目盛りより中間周波数だけ高い周波数で発振しているかを確認します．

この測定により，全てのバンドにおいてダイヤル目盛りと受信相当周波数のずれが同じ傾向である場合は，バリコンの羽根を調整してダイヤル目盛りと受信相当周波数を調整することになります．

厳密に調整する場合にはバリコン単体の状態で，各セクションの静電容量がバリコン独自の曲線（波長直線・周波数直線など）で角度毎に同一の値となるようにバリコンの羽根を調整します．

SP-600のダイヤル表示周波数と受信バンド内の受信周波数とが一致していることを確認します．

① SP-600の受信バンド「7.4〜14.8MC」の各MC目盛り位置において，SGの発振周波数と，SP-600のダイヤル表示周波数「MC」が一致していること．もし一致していない場合はそのずれを記録しておく．

② この確認試験を「7.4〜14.8MC」「14.8〜29.7MC」「29.7〜54.0MC」の各バンドで行う．

③ その結果，ダイヤル表示周波数とSG発振周波数のずれの傾向が同じ傾向である場合には，バリコンの羽根のギャップを確認．ちなみに今回メインテナンスしたSP-600の場合は，局部発振周波数調整1を実施後，調整2で確認すると全てのバンドの中心部でダイヤル表示が0.2MC程度低くなった．

バリコンを調べてみると，バリコンの発振回路割り当て部（最もパネル寄りのセクション）のロータの一部とステータとの間隙が狭くなっていました（**写真5-2-53**）．

本来は，バリコンの各セクションが，角度ごとに同一容量で変化していくことが前提ですが，メインテナンスに際して角度ごとの容量確認まではできないため，最低バンド内の表示と発振周波数が一致していることの確認をしておくべきです．

写真5-2-53 局部発振部バリコンのギャップが一部狭くなっている

(3) 高周波同調回路調整 STEP1

局部発振周波数調整が完了した状態で，高周波同調回路ANT，RF1，RF2をローエンドおよびハイエンドの調整ポイントにおいて調整し，受信感度が最良になるように調整します．

調整を行う準備として，受信機のANT入力にSG出力を接続します．このとき，受信機入力インピーダンスは100Ωであるため，SG出力インピーダンスと整合を取る整合器を介して接続します．また，背面AGC端子にテスタ（高内部抵抗のもの）を接続します．

① パネル・セッティング
- RF GAIN　　　　　時計方向いっぱい
- SELECTIVITY　　 0.5kHz
- BAND CHANGE　 0.54〜1.35MC
- AUDIO GAIN　　　中間位置
- SEND-REC SW　　REC
- MOD-CW SW　　　MOD
- AVC-MVC SW　　　AVC
- LIMITER SW　　　 OFF
- HFO　　　　　　　 VAR
- IFO　　　　　　　 INT
- BFO　　　　　　　 INT（SLOWもしくはFAST）

② SP-600の受信バンドを「0.54〜1.35MC」，ダイ

ヤルを「0.56MC」にセット．

③ SGの発振周波数を「0.56MC」とし，受信同調回路（ANT/RF1/RF2）の各「L」を調整して，SGからの受信信号が最大となるように調整．このときSメータ指示値が10dB以下となるようにSG出力を調整する．

再掲になりますが，「Sメータ指示値が10dB以下」とは，AGC開始以下の入力レベルで調整するという意味です．SP-600のAGC電圧は－8Vが設計値ですので，AGC電圧が0～－8Vの間で調整をします．Sメータ指示値による確認以外に，背面のAGC端子に高内部抵抗のテスタを接続してAGC電圧を確認する方法もあります．

④ SP-600の受信バンドを「0.54～1.35MC」，ダイヤルを「1.3MC」にセット．

⑤ SGの発振周波数を「1.3MC」とし，受信同調回路（ANT，RF1，RF2）の各「C」を調整して，SGからの受信信号が最大となるように調整．このときSメータ指示値が10dB以下となるようにSG出力を調整します．

⑥ この手順を数回繰り返して，SGからの受信信号が最大となるように調整．

⑦ この①～⑥までの手順を各バンドで下記の**表5-2-7**の周波数において調整する．

⑧ ANT/RF1/RF2を調整した結果，各バンド調整点における入力感度は**表5-2-8**のとおり．表中のANT入力μV値は，AGC開始時のANT入力信号レベルを表しており，「S/S+N 10dB」ではない．

（4）高周波同調回路確認 STEP2

ローエンド・ハイエンド調整ポイント以外の中間点で，高周波同調回路，ANT，RF1，RF2のLまたはCをわずかに変化させて，受信感度が最良の感度であることを確認します．

これらの調整を具体的に説明すると次のようになります．

① SP-600の受信バンド「7.4～14.8MC」の各MC目盛り位置において，SGの発振周波数を受信し，受信同調回路（ANT，RF1，RF2）の各「L」または「C」を調整して，SGからの受信信号が最大となっていることを確認．

② この確認試験「7.4～14.8MC」「14.8～29.7MC」の各バンドで行う．

③ その結果，ローエンド・ハイエンド調整ポイント以外の中間点で，受信感度が最良でないためにトリマーまたはコアの調整が必要な状況が，2バンドとも同じ傾向である場合には，ANT，RF1，RF2のバリコン・ロータの羽根のギャップを確認し，必要であればバリコンの羽根を調整して受信感度が最良となるように調整する．

（5）メインテナンス中におけるトラブルと不良交換部品

現象①…電源を入れて音は出たがひどいバリバリ音．原因は6V6の電極タッチによる不良．取り替え後回復．

現象②…AGC動作せず．
　AGCバスライン－アース間30kΩ，V11（IF2）G1-E間20kΩ．

表5-2-7 高周波同調回路と第1局部発振回路とのトラッキング調整周波数

BAND	0.54～1.35MC	1.35～3.45MC	3.45～7.4MC	7.4～14.8MC	14.8～29.7MC	29.7～54.0MC
ANT，RF1，RF2調整「L」	0.56MHz	1.4MHz	3.75MHz	7.5MHz	15.0MHz	30.0MHz
ANT，RF1，RF2調整「C」	1.3MHz	3.4MHz	7.15MHz	14.5MHz	29.0MHz	52.0MHz

表5-2-8 メインテナンス後の受信入力感度実測値

BAND	0.54～1.35MC	1.35～3.45MC	3.45～7.4MC	7.4～14.8MC	14.8～29.7MC	29.7～54.0MC
ダイヤル表示	0.56MC	1.4MC	3.75MC	7.5MC	15.0MC	30.0MC
調整前ANT入力	0.5μV	0.5μV	0.4μV	0.4μV	0.9μV	1.5μV
調整後ANT入力	0.3μV	0.2μV	0.2μV	0.2μV	0.3μV	0.4μV
ダイヤル表示	1.3MC	3.4MC	7.15MC	14.5MC	29.0MC	52.0MC
調整前ANT入力	3.4μV	4.7μV	0.3μV	1.7μV	2.3μV	4.0μV
調整後ANT入力	0.3μV	0.1μV	0.1μV	0.2μV	0.2μV	0.5μV

6BA6を抜くと∞となるので，同真空管のG1-K間絶縁不良と判断．取り替え．

現象③　BFO動作せず．

原因は6C4の不良で取り替え後に回復．

現象④　AGC MAN時にAGCバス電圧が高い．

RF GAIN CONTROL VOLの配線センターとコールドエンド側配線接続が反対．手直し後回復．

写真5-2-54，**写真5-2-55**が，不良取り替えした真空管および取り替えたコンデンサと焼損抵抗の様子です．

写真5-2-54　不良取り替えした真空管

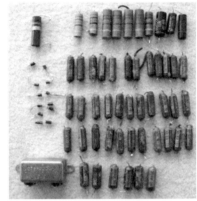

写真5-2-55　取り替えたコンデンサと焼損抵抗

まとめ

かつて高嶺の花だった「SP-600」も，最近では充分手が届く価格で市場に出回っています．昔OMが使っているのを見てうらやましかった機械が手元に来たが動作しない…どうしよう．そんなときにお役に立てばと思い立ち，筆者の経験からご紹介しました．もとよりSP-600は，高品質な材料と，素晴らしい技術を駆使して仕上げられた高級機です．原型に戻して高級機の実感を味わっていただきたいと思います．

資料

1 主要取扱説明書

AN16-45-221	SP-600JX	OPERATING INSTRUCTIONS
AN16-45-222	SP-600JX	SERVICE INSTRUCTIONS
AN16-45-223	SP-600JX	OVERHAUL INSTRUCTIONS
AN16-45-224	SP-600JX	PARTS CATALOG
AN16-45-433	SP-600JX-17	OPERATING INSTRUCTIONS
AN16-45-434	SP-600JX-17	SERVICE INSTRUCTION

2 SP-600シリーズ各種一覧表

製造年月	型式	記事
Sept. 1951	SP-600-JX-1	540kHz〜54MHz.
Sept. 1951	SP-600-JLX-2	100〜400kHz, 1.35〜29.7MHz.
Sept. 1951	SP-600-J-3	540kHz〜54MHz. No X-tal frequency control.
Sept. 1951	SP-600-J-4	540kHz〜54MHz. No X-tal frequency control. 25 to 60Hz PS.
Sept. 1951	SP-600-JX-6	540kHz〜54MHz. BFO range 0〜10kHz.
Sept. 1951	SP-600-JX-7	540kHz〜54MHz.
Sept.1951	SP-600-JX-8	540kHz〜54MHz. Manufactured for Welch. Made for CIA.
Sept. 1951	SP-600-JL-9	100〜400kHz, 1.35〜29.7MHz. No X-tal frequency control.
Nov. 1951	SP-600-JX-10	540kHz〜54MHz. Replaces JX-7.

アマチュア無線機メインテナンス・ブック3　海外機編

製造年月	型式	記事
Nov. 1951	SP-600-J-11	540kHz〜54MHz. No X-tal frequency control. Replaces J-3.
Nov. 1951	SP-600-JX-12	540kHz〜54MHz. Replaces JX-1.
Nov. 1951	SP-600-J-13	540kHz〜54MHz. No X-tal frequency control. 25 to 60Hz PS. Replaces J-5.
April 1952	SP-600-JX-14	540kHz〜54MHz. Replaces JX-10.
June 1952	SP-600-JLX-15	100〜400kHz, 1.35〜29.7MHz. Replaces JLX-2.
June 1952	SP-600-JL-16	100〜400kHz, 1.35〜29.7MHz. No X-tal frequency control. Replaces JL-9.
June 1952	SP-600-JX-17	540kHz〜54MHz. Diversity receiver. Manufactured for Air Material Command.
June 1952	SP-600 JX-18	540kHz〜54MHz. Made for 'GAUVREAU' contract. Replaces JX-10.
Aug. 1952	SP-600-J-19	540kHz〜54MHz. No X-tal frequency control. 25 to 60Hz PS. Replaces J-5, J-13.
Aug. 1952	SP-600-J-20	540kHz〜54MHz. No X-tal frequency control. 25 to 60Hz PS. Replaces J-19.
Feb. 1953	SP-600-JX-21	540kHz〜54MHz. Replaces JX-10.
Feb. 1953	SP-600-J-22	540kHz〜54MHz. No X-tal frequency control. Replaces J-11.
Feb. 1953	SP-600-JLX-23	100〜400kHz, 1.35〜29.7MHz. Replaces JLX-15.
Feb. 1953	SP-600-JL-24	100〜400kHz, 1.35〜29.7MHz. No X-tal frequency control. Replaces JL-16.
Feb. 1953	SP-600-J-25	540kHz〜54MHz. No X-tal frequency control. 25 to 60Hz PS. Replaces J-19.
Feb. 1953	SP-600-JX-26	540kHz〜54MHz. Replaces JX-14.
Mar. 1953	SP-600-JLX-27	200〜400kHz, 540kHz〜29.7MHz.
Oct. 1953	SP-600-JX-28	540kHz〜54MHz.
Mar. 1954	SP-600-JX-29	540kHz〜54MHz. Made for CIA.
Dec. 1954	SP-600-JX-30	540kHz〜54MHz. Diversity receiver. Replaces JX-17 red metal knobs.
Dec. 1954	SP-600-VLF-31	10〜540kHz X-tal frequency control (4 position).
Dec. 1954	SP-600-JX-32	540kHz〜54MHz. Black panel with white engraved lettering. Made for Mackay Radio.
Dec. 1954	SP-600-JLX-33	100〜400kHz, 1.35〜29.7MHz.
Aug. 1956	SP-600-JL-34	100〜200kHz, 540kHz〜14.8MHz. Made for CIA.
Aug. 1956	SP-600-JX-35	540kHz〜54MHz. X-tal frequency control. BFO range 0〜10kHz.
Oct. 1957	SP-600-JX-36	540kHz〜54MHz. X-tal frequency control. Made for FBI, Same as JX-21.
Mar. 1961	SP-600-JX-37	540kHz〜54MHz. X-tal frequency control. 25 to 60Hz PS. same as JX-21.
Mar. 1961	SP-600-VLF-38	10〜540kHz. X-tal frequency control (4 position). 25 to 60Hz PS. Same as VLF-31
July 1961	SP-600-JX-39	540kHz〜54MHz. Made for FAA
June 1969-1972	SP-600-JX-21A	540kHz〜54MHz.This was the last series of SP-600's. It had 22 tubes. A separate product detector, LSB,USB,CW,MOD switch. Knobs had no metal skirts, the front panel was engraved with markings.

さくいん

数字

12BY7	巻頭 II
2SC1675	31
2SC1957	71
2SC1959	71
2SC460	31
2SC945	71
3SK73	25
6AQ8	巻頭 II
6AV6	巻頭 II
6BA6	92
6BQ5	巻頭 II
6DC6	92
6V6	113
74HC4040	17
75Sシリーズ	巻頭 V
9R59	巻頭 1

アルファベット

AB1級プッシュプル	巻頭 II
ADC	10
AFSK	24
AMTOR	24
AMセラミック・フィルタ	53
ASCIIコード	41
ATT	65
ATTiny2313	53
ATU	20, 24
AVRマイコン AT90S2313	51
BFO	65
BNC端子	67
BPF	9
CB用IFフィルタ	67
CC26	巻頭 I
CD4040	17
CW信号	41
CWフィルタ	50
DBM	53
DDS	53
Dithr	10
DSBトランシーバ	67
DSP	9, 44
DSP	50
EPROM 2716	41
FPGA	10
FT-817ND	65
HIRO	26
HIRO SYSTEMS社	42
HRO-60	93
INRAD	10, 23
JARDスプリアス確認保障	20, 24, 64
LPF	71
MK-1170基板	65, 67
MT管	105
MX-6S	64
NDK	26
OVF	9
PLL	58
PLL基準水晶発振回路	62
PTO	74
QP-7	70
QRP	70
QRPp	64
QRPトランシーバ	70
R274	93
R388	93
R-390A	巻頭 V
ROM	41
ROMライタ	41
RTTY	24
S2001	巻頭 II
SI91841DT-285	45
S-LINE	巻頭 V
SM-5D	巻頭 I
SOT23-5	46
SRAMモジュール	14
SSBフィルタ	50

索 引

SX-73	93
TCXO	44
TG	6
TG-5021CE-16N	44
VCO	58
VFO-1	巻頭 I
VHF	94
Vishay社	45
VLF/LF/MF	94
VXO	64, 69
WARCバンド	23, 25, 56
Z80	41
μPD444	15
μPD446	15

あ行

アイドリング電流	68
秋月電子通商	44, 53
オーブン	43
温度検知	25
温度補償	46
温度補償型水晶発振器	44

か行

逆アセンブル	42
矩形波	48
クリスタル・フィルタ	44, 50
軍用仕様	94
高安定水晶	44
高安定水晶発振器	44

さ行

サーミスタ	25
サイン波	48
終段アイドリング電流	59
周波数変換回路	51
新スプリアス規定	24
水晶振動子	43
杉原商会	93
スプリアス受信	49
セイコーエプソン社	44
セラミック・フィルタ	50

た行

帯域外減衰	54
ダイレクトサンプリング	9
チャタリング	21
中間周波用フィルタ	50
中心周波数	50
定温オーブン	46
ディレイ・タイム	69
デビエーション	29
テフロン加工	巻頭Ⅳ

は行

バーニア・ダイヤル	64
搬送電話	51
ピカール	21
ピコトラ・シリーズ	67
プラスチック消しゴム	巻頭Ⅵ, 81
フロントエンド・フィルタ	10
ボトムエントリ型	50
ポリ・バリコン	65

ま行

マイクロ・インダクタ	51
マジックリン	31
メカニカル・フィルタ	51
モールス・コード	42
モノバンド	70
モリブデン入りグリス	79

ら行

ラダー・フィルタ	54
リンギング	26
レピータ	41

著者プロフィール

JR1TRX　加藤 恵樹　第1級アマチュア無線技士

　1971年開局．中学2年生のときに電話級を取得．以後電信級，第2級，第1級アマチュア無線技士，第1級陸上特殊無線技士を取得．開局以来，7MHzを中心にQSO．
TS-520をレストアする機会を得てからレストアの魅力にとりつかれて以来，トリオ，八重洲の真空管式の無線機を中心に復活させることに意欲を燃やす．
　近年はコリンズのSラインにも触手を伸ばす．

JG1RVN　加藤 徹　第1級アマチュア無線技士

　1974年に50MHzAMで開局し，その後，電信に目覚めてバグキーでDX QSOを楽しむ．
JA8YBYで各種コンテストに参加．台湾，グアム，サイパン，パラオ，カンボジアで海外運用．
　ある日，QRP機のキット作りに目覚めて，NorCal40A，SST，SW+シリーズ，RockMite，OHR-100A，OHR-500，FUJIYAMA，K2，K3，KX3などを製作．
　現在は電信の海外交信が主体．交信の合間に主に自分で使うために古いリグを修理調整している．

JA2AGP　矢澤 豊次郎　第2級アマチュア無線技士

　1958年開局．それ以前からRF2段のフロントエンドを持ったBC-779やAR-88に憧れるが高嶺の花．自作のST管ダブルスーパーと42シングル送信機で開局．その後FT241ハーフラティス1段でSSBデビュー．SSBとCWでDonやGusのペディションを追いかける．昔欲しくて買えなかった恨みが頭をもたげ，米国各社のフラグシップ受信機を長期に渡って蒐集．これらの受信機の紹介とメインテナンス記事の出版が夢で，ようやく実現しました．

JJ1SUN　野村 光宏　第2級アマチュア無線技士

　1969年電話級の免許を取得．トリオのTR-1000に憧れたが，中学生の小遣いでは手が届かず断念．
　信越電機商会（現：秋月電子通商）で発掘した2SC31による50MHz　AM送信機と，3SK22を使ったクリスタル・コンバータが，最初の自作無線機．以来，試作した回路は数知れず．
交信やカード集め以上に，新デバイスによる回路作成とジャンク活用に，アマチュア無線の楽しみを感ずる．
　近年は無線機器へのマイクロ・コンピュータ応用に興味あり．

アマチュア無線機メインテナンス・ブック3　初出一覧

初 出 一 覧

- アイコム03　周波数情報などの消失に対応
  アイコム機のSRAMモジュールを延命
  「別冊CQ ham radio QEX Japan No.20」　2016年9月号　p.103～106
  保存版特集　アマチュア無線機のメインテナンスⅡ　実用機3
  アイコム機のSRAMモジュールを延命させよう

- トリオ/ケンウッド03　50MHz モノバンド/オールモード高級固定機
  TS-600の再調整方法
  「別冊CQ ham radio QEX Japan No.25」　2017年12月号　p.76～81
  アマチュア無線機のメインテナンス　トリオ　TS-600を直す

- トリオ/ケンウッド06　リグの周波数安定度を向上させる
  TS-450Vに高安定水晶発振器を組み込む
  「別冊CQ ham radio QEX Japan No.14」　2015年03月号　p.103～108
  製作　TS-450Vに高安定水晶発振器を組み込む

- トリオ/ケンウッド07　汎用性抜群の代用オプション
  HF機用のCWフィルタを作る
  「別冊CQ ham radio QEX Japan No.23」　2017年6月号　p.102～106
  アマチュア無線機のメインテナンス　ケンウッド　HF機用のCWフィルタを作る

- **本書に関する質問について** — 文章,数式,写真,図などの記述上の不明点についての質問は,必ず往復はがきか返信用封筒を同封した封書でお願いいたします.勝手ながら,電話での問い合わせは応じかねます.質問は著者に回送し,直接回答していただくので多少時間がかかります.また,本書の記載範囲を超える質問には応じられませんのでご了承ください.
- **本書記載の社名,製品名について** — 本書に記載されている社名および製品名は,一般に開発メーカーの登録商標です.なお,本文中ではTM,Ⓡ,Ⓒの各表示は明記していません.
- **本書記載記事の利用についての注意** — 本書記載記事は著作権法により保護され,また産業財産権が確立されている場合があります.したがって,記事として掲載された技術情報をもとに製品化するには,著作権者および産業財産権者の許可が必要です.また,掲載された技術情報を利用することにより発生した損害などに関しては,CQ出版社および著作権者ならびに産業財産権者は責任を負いかねますのでご了承ください.
- **本書の複製などについて** — 本書のコピー,スキャン,デジタル化などの無断複製は著作権法上での例外を除き,禁じられています.本書を代行業者などの第三者に依頼してスキャンやデジタル化することは,たとえ個人や家庭内の利用でも認められておりません.

〔JCOPY〕〈出版者著作権管理機構委託出版物〉
本書の全部または一部を無断で複写複製(コピー)することは,著作権法上での例外を除き,禁じられています.本書からの複製を希望される場合は,出版者著作権管理機構(TEL:03-5244-5088)にご連絡ください.

アマチュア無線機メインテナンス・ブック3

2018年9月1日 初版発行　　© 加藤 恵樹／加藤 徹／矢澤 豊次郎／野村 光宏 2018（無断転載を禁じます）
2021年10月1日 第2版発行

著　者　加藤 恵樹／加藤 徹／
　　　　矢澤 豊次郎／野村 光宏
発行人　小澤 拓治
発行所　CQ出版株式会社
　　　　〒112-8619　東京都文京区千石4-29-14
　　　　電話　販売　03-5395-2141
　　　　　　　広告　03-5395-2132
　　　　振替　00100-7-10665

乱丁,落丁本はお取り替えいたします.
定価はカバーに表示してあります.

ISBN978-4-7898-1568-0
Printed in Japan

編集担当者　甕岡 秀年
本文デザイン・DTP　㈱コイグラフィー
印刷・製本　三共グラフィック株式会社